예신 BOOKS

과일 모양내기 & 디저트

유지선 · 이민정

Well-Being
Dessert

예신 BOOKS

머리말

짧았다면 짧았고 길었다면 긴 시간의 마무리…….

10년 혹은 20년이라는 경력을 자랑할 순 없지만 주부의 입장에서 주부들이 정말 원하는 것이 무엇일까를 생각해 보았습니다. 단순히 보는 것으로만 그치지 않고 일상생활에서 활용할 수 있도록 좀더 쉽고 그러면서도 유용한 면을 고려하여 이 책을 쓰게 되었습니다.

저는 요즘 부각되고 있는 웰빙(well-being)이란 의미를 '맛있게 먹고, 편안하게 쉬고, 건강하게 일하자' 라는 것이 아닐까 하고 단순하게 생각하려 합니다. 비싸고 호화스러운 음식을 먹어서 웰빙이 아니라 소박한 음식이라도 진심으로 행복을 느끼고 즐긴다면 그것이 진정한 웰빙이 아닐까요?

식사 후 과일 한 접시를 준비할 때도 소중한 분들을 생각하며, 조금 더 정성스런 마음으로 준비해 보세요. 작은 실천으로 마음이 편안해지고, 늘 함께 있어 무심했던 가족이나 친구들을 한번 더 생각하게 될 겁니다.

나누는 즐거움, 누군가와 함께 한다는 즐거움은 큰 행복입니다.

유지선 (simbo69@lycos.co.kr)

과일(fruit)은 식용으로 쓰는 열매를 말하는데 그 종류가 매우 다양합니다. 색이 화려해서 디저트로 준비할 때에도 먹기 좋게 예쁘게 깎아 담아 낸다면 주부의 센스가 한결 돋보일 것입니다.

이 책에는 과일 깎기와 여러 가지 음료, 차에 대한 것이 있습니다.

먼저 좋은 과일을 선택하기 위한 지식을 담았고, 테마(명절 때, 부모님 생신 때, 공부에 지친 아이들을 위해 등)를 정해 그것에 어울리는 과일, 과일 깎는 방법, 담아 내는 방법 등을 실었습니다. 또 남은 과일을 이용해 만들 수 있는 여러 가지 음료와 건강에 좋고 마음을 편안하게 해 주는 허브차를 함께 담았습니다.

예로부터 전해 내려오는 보약보다 좋은 전통차와 전통 음료의 효능, 만드는 방법 등을 자세하고 쉽게 설명하고자 최선을 다했습니다. 이 책이 건강하고 행복한 삶을 원하는 모든 분들에게 조금이나마 도움이 되었으면 하는 바람입니다.

끝으로 이 책이 나오기까지 아낌없이 도움을 주신 도서출판 **예신** 편집부 여러분께 감사의 뜻을 전합니다.

이민정 (min2738@hanmail.net)

c·o·n·t·e·n·t·s

❶ 행복한 날 가족과 함께 먹는 디저트

❷ 몸에 보약이 되는 전통차

오미자차 · 71 / 구기자차 · 73 / 들깨차 · 75 / 오디차 · 77 / 인삼차 · 79 / 대추차 · 81 / 솔잎차 · 83 / 사과차 · 85 / 두충차 · 87 / 생강차 · 89 / 유자차 · 91 / 오과차 · 93 / 칡차 · 95 / 오갈피차 · 97 / 감잎차 · 99 / 율무차 · 101 / 당귀차 · 103 / 쑥차 · 105

❸ 온몸이 시원해지는 전통 음료

배숙 · 109 / 식혜 · 111 / 수정과 · 113 / 수박화채 · 115 / 유자화채 · 117 / 보리수단 · 119 / 원소병 · 121 / 미숫가루 · 123 / 포도냉차 · 125 / 제호탕 · 127

❹ 부 록

과일의 색과 손질법 · 130 / 과일 예쁘게 모양내는 도구 · 131 / 디저트로 먹기 좋은 과일 · 132 / 전통 차와 전통 음료 재료 구입 · 138 / 허브차 재료 구입 · 140

Dessert
Dessert

Section

01

행복한 날
가족과 함께 먹는
디저트

즐거운 가족 나들이 갈 때

오랜만에 가족 나들이를 가신다구요. 수박주스와 과일을 준비했습니다. 특별히 멜론으로 과일 바구니를 만들어 멋을
부리고, 간식으로 떡과 한과를 곁들여 보세요. 이제 푸른 하늘과 초록빛 바다, 시원한 산을 찾아 떠나도 되겠죠? 즐겁
게 놀다 보니 조금 서늘하시다구요? 따뜻한 허브차를 드세요. 마음까지 따뜻해집니다.

● 과일깎기

멜론으로 만든 바구니에 레몬, 수박, 오
렌지, 사과, 파인애플을 먹기 쉽게 꼬치
에 꽂아 기분을 바꿔보면 어떨까요?

● 과일주스　수박주스

나들이 가서 물을 마셔도 목이 마르면
수박주스를 마셔 보세요. 갈증을 해소
하고 몸을 상쾌하게 합니다.

● 허브차　타임

나들이 다녀와서 피곤하시죠. 타임은
피로 회복에 좋으며, 자기 전에 마시면
숙면을 취할 수 있습니다.

레몬

1

2

3

원형으로 2번 밑부분을 조금만 남기고 칼집을 넣는다.

칼집을 넣지 않은 쪽으로 중심까지 칼집을 넣는다.

양끝을 반대되는 방향으로 벌려 준다.

수박

1

2

3

깨끗이 씻어 1/4등분한다.

직사각형 모양으로 길게 자른다.

껍질쪽부터 꼬치를 끼운다.

오렌지

1

2

3

깨끗이 씻어 세로로 1/2등분한다.

일정한 두께로 자른다.

직사각형 모양으로 길게 자른 뒤 꼬치에 끼운다.

사과

1

깨끗이 씻어 세로로 6~8등분으로 자른 뒤 씨부분을 반듯하게 잘라낸다.

2

껍질은 양쪽만 남기고 가운데만 길게 깎는다.

3

사과 등쪽에 꼬치를 끼운다.

파인애플

1

껍질째 반달로 토막을 낸다.

2

껍질째 직사각형으로 자른다.

3

껍질쪽부터 꼬치에 끼운다.

멜론

1

꼭지에서 손잡이를 만들 정도만 남기고 칼집을 넣는다.

2

손잡이 양쪽을 잘라낸다.

3

속에 있는 씨를 긁어내고 껍질이 상하지 않게 과육을 도려낸다.

수박주스 · Watermelon Juice

재 료
수박 1/2통, 설탕이나 꿀 적당량

■ 만드는 법

01 잘 익은 수박의 속을 숟가락으로 긁어낸다.

02 수박 속을 믹서기에 넣고 곱게 간다.

03 곱게 간 수박을 체에 밭쳐 국물만 남긴다.

04 기호에 따라 꿀이나 설탕을 첨가해서 냉장고에 넣거나 냉동
   실에 넣었다가 마시면 좋다.

> **tip** 수박에 함유된 당분은 주로 포도당과 과당으로 위에서 쉽게 흡수되
> 므로 피로와 갈증을 해소시키는데 아주 좋다. 수박을 구성하고 있는
> 과당은 차가워지면 단맛이 증가하기 때문에 차게 먹으면 단맛을 더
> 느낄 수 있다(수박 한 통 사서 먹기 부담스러웠다면 반은 주스로 만
> 들어 보자).

1

수박의 속을 긁어낸다.

2

수박 속을 믹서기에 간다.

3

곱게 간 수박을 체에 밭친다.

타 임 Thyme

재 료
타임 생잎 6티스푼, 물 2컵

■ 만드는 법

01 타임 생잎은 깨끗이 씻은 뒤 물기를 없앤다.

02 생잎은 향이 잘 우러나도록 숟가락으로 살짝 으깬다.

03 티포트에 생잎을 넣고 뜨거운 물을 부어 우려낸다.

04 찻잔에 따르고 타임 생잎을 띄워 장식한다.

＊1인분일 때는 생허브 2~3티스푼, 물 1컵 정도가 적당하다.

1

깨끗이 씻어 물기를 없앤다.

2

숟가락으로 으깬다.

3

뜨거운 물을 부어 우려낸다.

> **tip** 타임은 일명 '사향초'라고도 한다. 타임차는 예로부터 약효가 뛰어난 음료로 널리 이용되었으며, 신경성 질환이나 피로에 좋으며 소화를 도와준다. 잠자리에 들기 전에 마시면 숙면을 취할 수 있다.

신선한 과일로 건강 안주 만들기

손님이 갑자기 오셨다구요? 술안주로 과일과 약간의 마른안주는 어떨까요. 숙취 해소에 좋은 여러 가지 과일을 깔끔하게 깎아 놓고, 홍시로 만든 주스, 은행, 밤, 말린 과일 등 영양이 풍부한 마른 안주로 건강을 생각해 보세요. 주부의 정성이 가득 담긴 근사한 상이 준비되었습니다.

● 과일깎기

숙취와 갈증을 해소하는데 좋은 배, 수박, 멜론, 파인애플, 오렌지, 감을 안주로 준비하였습니다.

● 과일주스 홍시주스

술을 마시면 몸에서 열이 나죠. 영양이 풍부하고 숙취를 제거하는데 좋은 감으로 시원한 홍시주스를 만들었습니다.

● 허브차 라벤더

술 때문에 속도 안 좋고 머리도 아플 때 속을 편안하게 해 주는 라벤더 향으로 상쾌한 아침을 맞이해 보세요.

배

세로로 6~8등분해서 씨를 잘라낸다. 지그재그 모양으로 칼집을 넣는다. 윗부분만 껍질을 벗긴다.

수박

수박은 작은 것으로 골라 세로로 8등분으로 나눈 뒤 가로로 1/2등분한다. 같은 두께로 길게 편썬다. 옆으로 어슷하게 자른다.

멜론

세로로 8등분한 뒤 씨를 긁어낸다. 가로로 반 자르고 같은 두께로 길게 자른다. 껍질은 1/5 정도만 남기고 벗긴 뒤 말아서 껍질 아래에 끼운다.

파인애플

1

2

3

파인애플은 과육만 원통형으로 잘라내고 심을 동그랗게 도려낸다.

가장자리를 조금씩 잘라내어 꽃모양을 만든다.

1/6로 자르고 일정한 두께로 썬다.

오렌지

1

2

3

오렌지는 위, 아래를 잘라낸 뒤 껍질을 벗긴다.

세로로 속껍질 사이로 칼집을 넣어 과육만 잘라낸다.

옆으로 뉘어 가지런히 담는다.

감

1

2

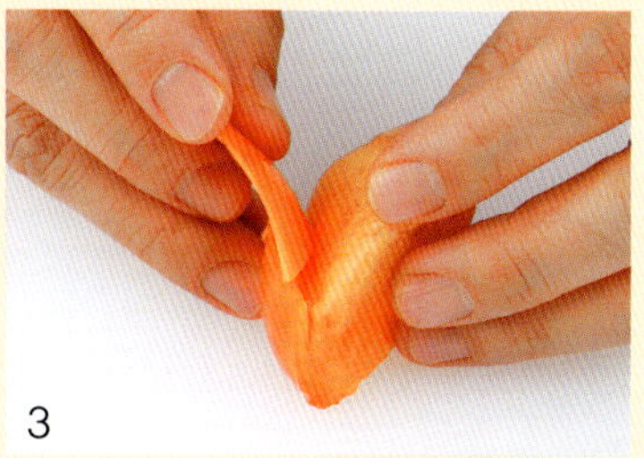

3

감은 깨끗이 씻어 꼭지부분을 도려낸 뒤 4~6등분한다.

껍질 중간에 칼집을 넣은 뒤 밑부분은 남기고 윗부분의 껍질을 벗긴다.

벗겨낸 윗부분의 껍질을 뒤집어서 밑부분에 끼운다.

1

홍시는 꼭지를 떼고 씻는다.

2

껍질을 벗겨내고 씨를 골라낸다.

3

꿀과 물을 넣고 함께 간다.

홍시주스 Mellowed persimmon Juice

재 료
홍시 1개, 물 1/2컵, 꿀 적당량

■ 만드는 법

01 홍시는 꼭지를 떼어낸 뒤 깨끗이 씻는다.

02 홍시를 터트려 껍질을 벗겨내고 씨를 골라낸다.

03 물과 꿀을 함께 믹서기에 넣고 곱게 간다.

04 유리컵에 따른 뒤 허브 잎을 띄워 장식한다.

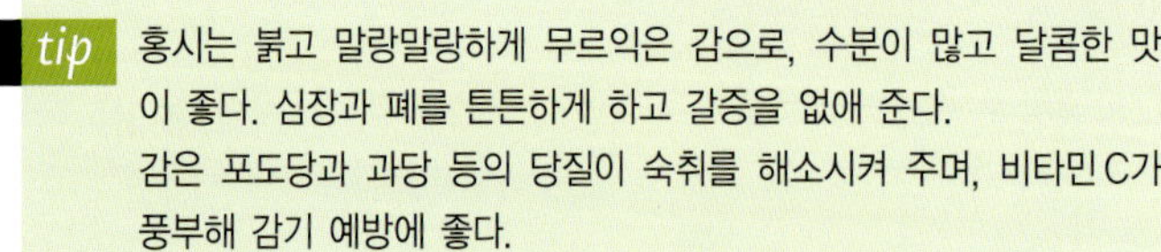

tip 홍시는 붉고 말랑말랑하게 무르익은 감으로, 수분이 많고 달콤한 맛이 좋다. 심장과 폐를 튼튼하게 하고 갈증을 없애 준다.
감은 포도당과 과당 등의 당질이 숙취를 해소시켜 주며, 비타민C가 풍부해 감기 예방에 좋다.

라벤더 Lavender

재 료
라벤더 생잎 3티스푼, 마른꽃 2티스푼, 물 2컵

■ 만드는 법

01 라벤더 생잎은 깨끗하게 씻은 뒤 물기를 없앤다.

02 생잎은 향이 잘 우러나도록 숟가락으로 살짝 으깬다.

03 티포트에 마른꽃을 넣은 뒤 뜨거운 물을 부어 우려낸다.

04 03에 라벤더 생잎을 넣어 조금 더 우려낸 뒤 찻잔에 따르고 라벤더 잎을 띄워 장식한다.

> **tip** 라벤더라는 이름은 라틴어의 lavando에서 나온 것으로, lavar은 '씻는다' 라는 동사에서 유래한 것이다. 지중해 연안에서 아프리카 북부를 중심으로 약 37종의 종류가 있으며, 꽃은 주로 보라색이다. 라벤더의 향기는 청결·순수함을 나타낸다. 라벤더는 마르면 향기가 진해지고 오래간다.

1

깨끗이 씻은 뒤 물기를 없앤다.

2

숟가락으로 살짝 으깬다.

3

뜨거운 물을 부어 우려낸다.

아이들 도시락의 영양을 생각할 때

쉴새 없이 바쁜 요즘 아이들의 칼로리 소비가 엄청나죠? 피로 회복에 좋은 비타민C가 풍부한 과일과 함께 도시락을 만들어 주면 엄마 마음도 뿌듯하고 우리 아이 어깨도 으쓱해진답니다.

● 과일깎기

아이들의 건강을 생각하며 파인애플, 포도, 오렌지, 바나나, 참외, 방울토마토로 도시락을 만들어 보세요.

● 과일주스1 포도주스

상큼하고 개운한 맛의 포도주스로 땀을 많이 흘린 아이들의 갈증을 해소시켜 주면 어떨까요?

● 과일주스2 멜론주스

초록의 신선한 멜론주스 한잔으로 나른한 오후를 활력으로 바꾸어 보세요.

파인애플

1 위, 아래를 잘라낸 뒤 세워 놓고 돌려가며 껍질을 잘라낸다.

2 4등분을 하고 가운데 심을 도려낸다.

3 2cm 두께로 길게 자른 뒤 삼각형 모양이 나오도록 지그재그로 자른다.

포도

1 포도는 송이송이 떼어낸다.

2 반으로 갈라 씨를 제거한다.

3 위, 아래로 엇갈리게 담는다.

오렌지

1 오렌지의 위, 아래를 잘라낸다.

2 1cm 간격으로 껍질에 칼집을 넣는다.

3 세로로 반을 가른 뒤 일정하게 자른다.

바나나

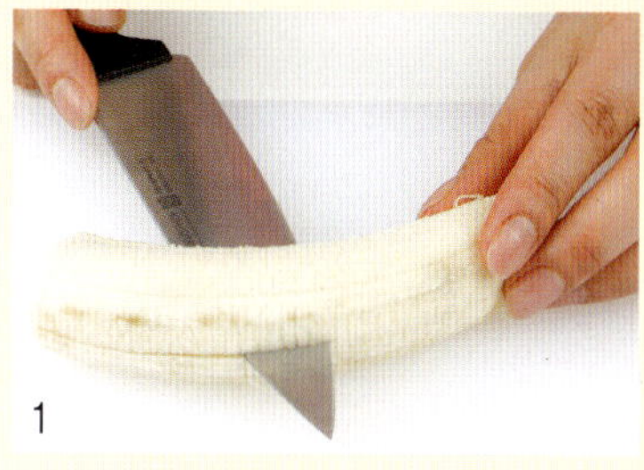

1

껍질을 벗겨낸 뒤 세로로 반을 가른다.

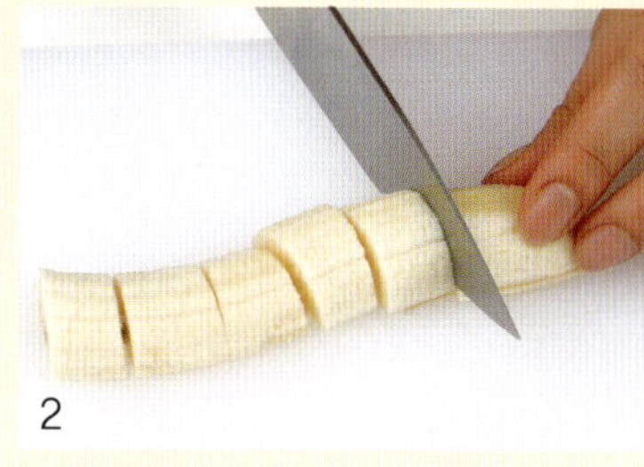

2

반달 모양이 나오도록 자른다.

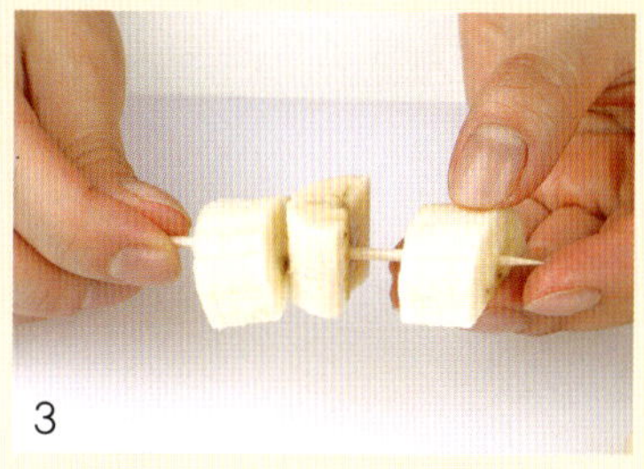

3

꼬치에 바나나를 엇갈리게 끼운다.

참외

1

작으면 4등분, 크면 6등분한다.

2

씨를 제거한 뒤 반으로 자른다.

3

칼집을 대각선으로 넣고 껍질을 벗긴다.

방울토마토

1

작은 것으로 골라 꼭지를 뗀다.

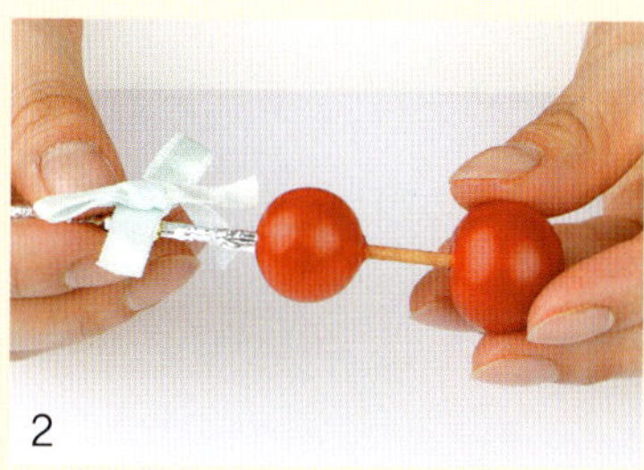

2

꼬치에 방울토마토를 두 개씩 끼운다.

3

보기 좋게 접시에 담는다.

포도주스 Grape Juice

재 료
포도(거봉) 200g, 요구르트 2개, 생수 1컵, 레몬즙 1큰술

■ 만드는 법

01 포도는 깨끗이 씻어 껍질째 반을 가른 뒤 씨를 제거한다.

02 포도, 요구르트, 생수, 레몬즙을 믹서기에 넣고 곱게 간다.

03 유리컵에 따르고 얼음 조각을 2~3개 정도 띄운다.

반으로 가른 뒤 씨를 제거한다.

재료를 믹서기에 곱게 간다.

유리컵에 따른다.

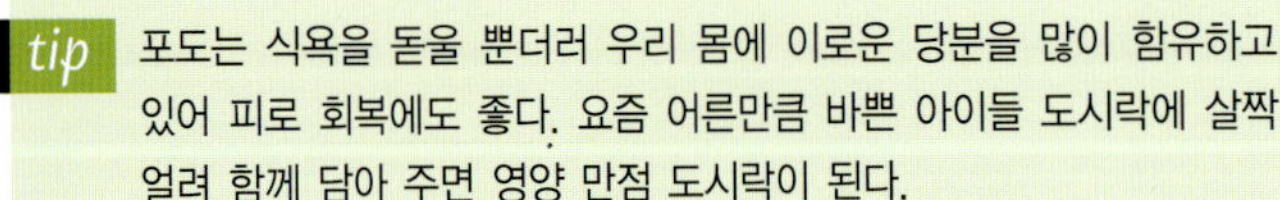

tip 포도는 식욕을 돋울 뿐더러 우리 몸에 이로운 당분을 많이 함유하고 있어 피로 회복에도 좋다. 요즘 어른만큼 바쁜 아이들 도시락에 살짝 얼려 함께 담아 주면 영양 만점 도시락이 된다.

멜론주스 Melon Juice

재 료

멜론 1/4개, 브로콜리 10g, 꿀 2큰술, 우유 1컵

■ 만드는 법

01 멜론은 껍질을 벗겨내고 씨를 제거한 뒤 적당한 크기로 자르고, 브로콜리는 송이송이 떼내어 물에 씻어둔다.

02 멜론, 브로콜리, 꿀, 우유를 믹서기에 넣고 곱게 간다.

03 유리컵에 따르고 얼음 조각을 2~3개 정도 띄운다.

1

멜론, 브로콜리를 준비한다.

2

재료를 믹서기에 곱게 간다.

3

유리컵에 따른다.

tip 과일주스를 만들 때 다양한 재료를 섞어 함께 갈아도 영양 섭취에 좋다. 브로콜리에는 비타민이 다른 채소에 비해 다량 함유되어 있으므로 함께 섭취하면 더욱 영양 만점의 주스가 된다.

저녁식사 후 단란한 모임

오랜만에 온가족이 모여앉아 도란도란 이야기꽃을 피우며 여유를 만끽할 때, 모양 좋고 먹기 좋은 과일 한 접시와 달콤한 허브차 한잔, 시원한 셔벗과 함께 더욱 진한 가족의 소중함을 느껴 보세요.

● 과일깎기

오붓한 저녁식사 후 소화에 도움을 주는 배, 수박과 상큼한 오렌지, 딸기, 망고, 파인애플로 더욱 즐거운 시간을 이어 나가세요.

● 과일주스　오렌지셔벗

비타민이 풍부한 화사한 오렌지를 얼렸다 식후에 드시면 개운함을 느낄 수 있습니다.

● 허브차　캐모마일

새콤달콤한 향의 부담없는 맛으로 몸의 긴장을 풀어 보세요.

수박

1cm 정도의 두께로 자른다.

껍질 부분에 두 번 칼집을 넣는다.

양끝의 껍질을 잘라낸다.

오렌지

위, 아래를 잘라낸 뒤 껍질에 지그재그로 칼집을 넣는다.

세로로 8등분한다.

지그재그로 칼집을 넣은 부분까지 껍질을 벗겨낸다.

파인애플

껍질을 벗겨낸 뒤 세로로 6등분한다.

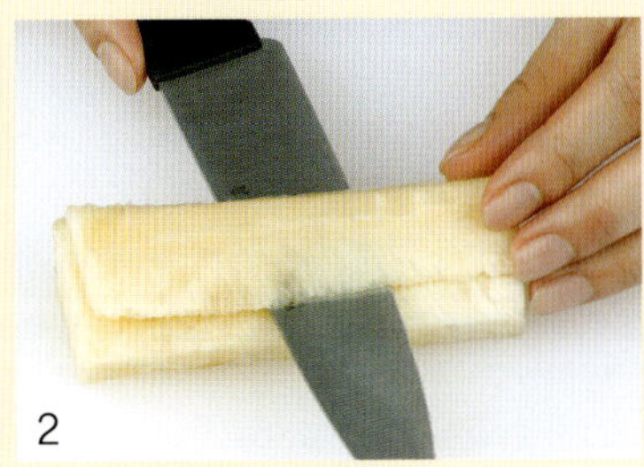

가운데 심을 도려낸다.

1cm 정도의 두께로 자른다.

망고

1

가운데의 씨를 중심으로 3등분한다.

2

껍질 부분을 밑으로 놓고 길게 어슷썬다.

3

껍질과 과육을 분리한다.

딸기

1

꼭지부분을 잘라낸 뒤 얇게 자른다.

2

얇게 자른 딸기를 하나씩 포개어 접시에 담는다.

3

달팽이 모양으로 동그랗게 만든다.

배

1

작으면 6등분, 크면 8등분한 뒤 씨부분을 잘라낸다.

2

껍질의 끝을 1cm 정도 남기고 반으로 갈라 칼집을 넣는다.

3

껍질의 반은 모양을 내고, 반은 안으로 말아 넣는다.

오렌지셔벗 Orange Sherbet

재 료
오렌지 2개, 꿀 3큰술, 우유 1/4컵, 레몬즙 1작은술

■ 만드는 법

01 오렌지는 껍질을 벗기고 적당한 크기로 자른 뒤 믹서기에 넣고 곱게 간다.

02 곱게 간 오렌지에 꿀과 우유를 넣고 섞어 냉동실에 얼린다.

03 꽁꽁 얼기 전에 2~3회 정도 냉동실에서 꺼내어 공기가 들어가도록 살살 저어 주면서 얼린다.

04 사각사각한 오렌지셔벗을 스쿠퍼로 퍼서 그릇에 담는다.

tip 비타민 C가 풍부해서 성장기 어린이에게 더욱 좋은 오렌지는 화사한 색깔과 톡톡 터지는 알갱이의 새콤함으로 눈과 입을 기쁘게 해 주는 과일 중 하나이다.

1
오렌지의 껍질을 벗긴다.

2
꿀과 우유를 넣고 섞는다.

3
꽁꽁 얼기 전에 살살 저어 준다.

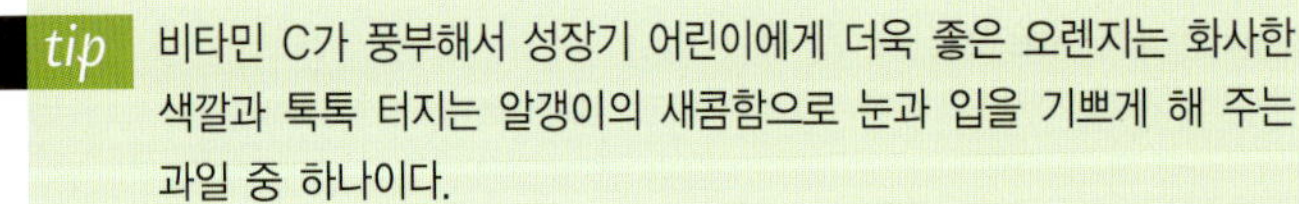

캐모마일 Chamomile

재 료

캐모마일 2티스푼, 물 2컵, 꿀 2티스푼

■ 만드는 법

01 캐모마일 2티스푼을 티포트에 넣는다.

02 물을 끓여 티포트에 붓고 3~4분 정도 우려낸다.

03 찻잔에 따르고 향을 음미하면서 마신다. 기호에 따라 꿀을
　　곁들여 마셔도 좋다.

tip 국화과의 식물로 잎과 꽃을 말려 차로 사용한다. 새콤달콤한 사과향
이 나며, 유럽에서는 커피 대신 대표적으로 사랑받는 차 중 하나이
다. 어머니의 허브, 여성의 허브라 할만큼 아이부터 노인에 이르기까
지 부담없이 즐길 수 있는 대중적인 허브차이다.

1

캐모마일을 티포트에 넣는다.

2

끓는 물을 부어 우려낸다.

3

찻잔에 따른다.

결혼기념일을 과일로 폼나게

'너와 내가 만나 하나가 된 바로 그날, 안 좋은 날도 있었지만 좋은 날이 더 많았지…….'
달력에 항상 빨간 동그라미는 그어져 있지만 두 사람 마음에 쏙 들게 보내기는 쉽지가 않죠? 과일과 향기로운 허브차로 마음에 쏙 드는 또다른 기념일을 만들어 보세요.

● 과일깎기

영양 많은 망고, 감, 아보카도, 키위, 오렌지를 정성껏 모양 내어 남편에게 마음을 표현해 보세요. 행복은 항상 가까운 곳에 있습니다.

● 허브차1　로즈힙

붉은 장미꽃 한 다발과 비타민이 가득한 로즈힙을 아내에게 선사하는 것은 어떨까요.

● 허브차2　재스민

은은하며 부드러운 맛과 향의 사랑스러운 차와 함께 연애 시절의 추억을 되새겨 보세요.

망고

1

가운데의 씨를 중심으로 3등분한다.

2

세로로 길게 반을 가른다.

3

먹기 좋도록 일정하게 칼집을 넣는다.

감

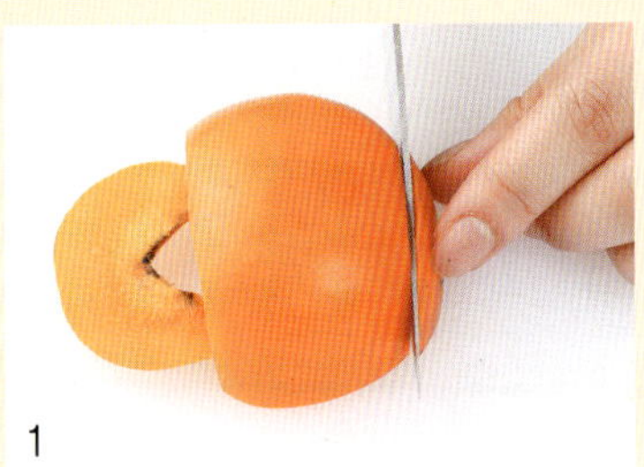

1

세로로 반을 가른 뒤 감의 위, 아래를 잘라낸다.

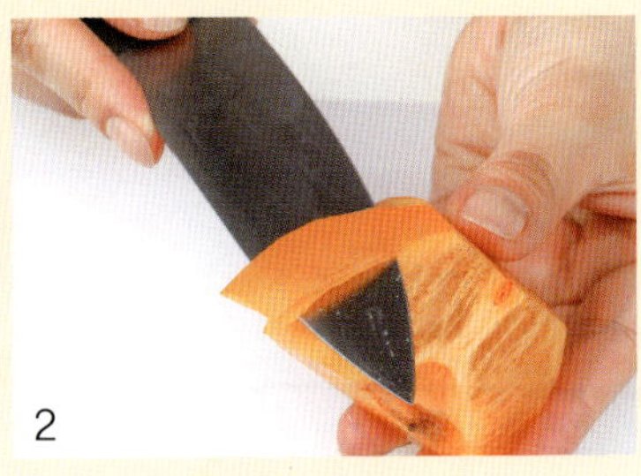

2

껍질을 얇게 벗긴다.

3

일정한 크기로 자른 뒤 살짝 비틀어 담는다.

아보카도

1

씨는 칼로 찍어 돌려서 뺀다.

2

일정한 크기로 어슷하게 자른다.

3

껍질을 얇게 벗긴다.

키위 1

1

2

3

둥근 모양으로 자른 뒤 껍질부분이 1cm 정도만 남도록 껍질을 벗긴다.

끝부분을 2cm 정도 잘라낸 뒤 모양을 낸다.

껍질을 돌돌 말아 모양낸 껍질과 함께 꼬치로 고정시킨다.

키위 2

1

2

3

껍질을 벗겨낸 뒤 세로로 반을 가른다.

하트 모양이 되도록 자른다.

윗부분에 딸기를 놓고 장식한다.

오렌지

1

2

3

오렌지의 위, 아래를 잘라낸다.

하얀 심이 없도록 깨끗하게 껍질을 벗겨 낸 뒤 세로로 반을 가른다.

얇게 편썬 뒤 포개 담는다.

로즈힙 Rose Hip

재 료
로즈힙 2티스푼, 물 2컵

■ 만드는 법

01 로즈힙 2티스푼을 숟가락으로 살살 으깬 뒤 티포트에 넣는다.

02 물을 끓여 티포트에 붓고 5분 정도 우려낸다.

03 찻잔에 따르고 향을 음미하며 마신다.

tip 꽃이 지고 난 뒤 맺는 들장미의 열매를 이용하여 가공한 차로, 여성의 아름다움과 건강을 지키는 차이다. 비타민 C의 함유량이 레몬의 20배가 들어 있어 감기 예방에 효과적이며, 신진대사를 촉진시켜 다이어트에도 효과가 있다. 또 어린이의 성장 발육을 촉진하는 비타민 A의 함유량도 많다.

숟가락으로 살살 으깬다.

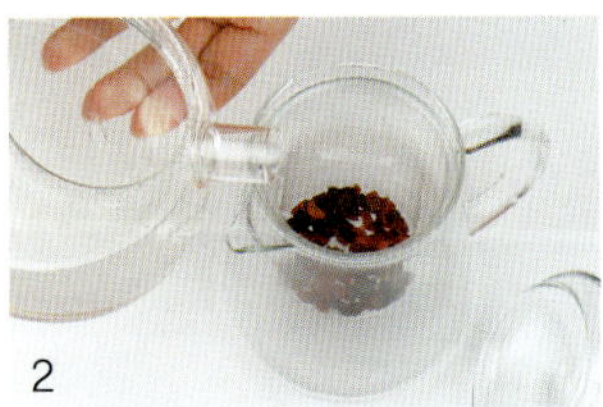

끓는 물을 붓고 우려낸다.

찻잔에 따른다.

재스민 Jasmine

재 료

재스민 2티스푼, 물 2컵, 레몬즙 1작은술

■ 만드는 법

01 재스민 2티스푼을 티포트에 넣는다.

02 물을 끓여 티포트에 붓고 5분 정도 우려낸다.

03 찻잔에 따르고 기호에 따라 레몬즙을 한두 방울 떨어뜨려 마신다.

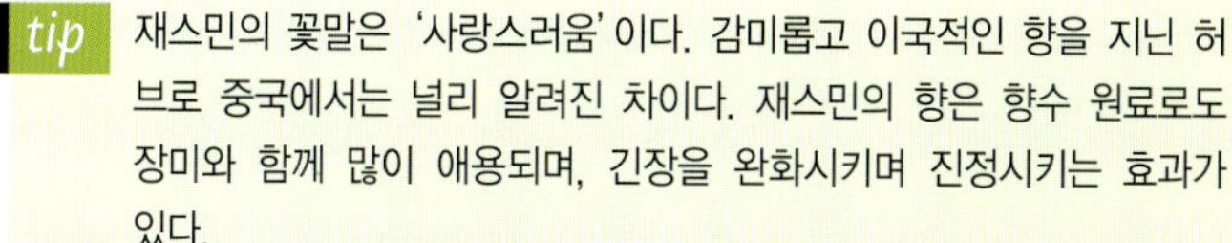 **tip** 재스민의 꽃말은 '사랑스러움'이다. 감미롭고 이국적인 향을 지닌 허브로 중국에서는 널리 알려진 차이다. 재스민의 향은 향수 원료로도 장미와 함께 많이 애용되며, 긴장을 완화시키며 진정시키는 효과가 있다.

1

재스민을 티포트에 넣는다.

2

끓는 물을 부어 우려낸다.

3

찻잔에 따르고 레몬즙을 넣는다.

멋진 과일로 색다르게 맞는 명절

명절 때는 기름진 음식이 많습니다. 평소에도 먹던 것인데 온 가족이 둘러앉아 먹으면 배가 부른지도 모르고 계속 먹게 됩니다. 디저트로 한껏 모양을 내어 깎아낸 과일과 향긋한 허브차로 소화도 돕고 가족의 건강도 챙기시기 바랍니다. 차례를 지내고 남은 밤, 대추, 호두, 잣을 설탕시럽에 넣어 조리면 훌륭한 간식으로 오래 두고 먹을 수 있습니다.

● 과일깎기

파인애플로 화려하게 그릇을 만들어 배, 감, 사과, 키위를 깎아 손님들에게 대접하면 멋지겠죠.

● 과일주스　배와 레몬주스

맛있는 음식을 너무 챙겨 드셨나요. 배와 레몬으로 만든 주스가 소화도 잘 되고 입안도 개운하게 만들어 줍니다.

● 허브차　페퍼민트

차례 뒷정리를 다하고 나면 피곤하시죠. 톡 쏘는 상쾌한 기분의 페퍼민트 차로 기분 전환을 하는 것은 어떨까요.

파인애플 1

1

통째로 잎을 살려 길게 반으로 가른다.

2

1/2은 과육을 숟가락으로 파낸다.

3

과육을 파내어 파인애플 그릇을 만든다.

파인애플 2

1

나머지 1/2은 모양대로 껍질을 깎는다.

2

반을 갈라 가운데 심을 삼각형으로 도려 낸다.

3

반달 모양의 일정한 두께로 자른다.

배

1

세로로 2등분한다.

2

속에 씨부분을 삼각형으로 도려내고 껍질을 벗긴다.

3

같은 두께의 반달 모양으로 자른다.

감

1

2

3

꼭지 부분을 도려낸 뒤 세로로 4~6등 분한다.

껍질에 V자로 칼집을 넣는다.

윗부분은 깎아내고, 밑부분은 반정도만 칼집을 넣어 모양을 만든다.

사과

1

2

3

세로로 1/2등분한 뒤 씨부분을 삼각형으로 도려낸다.

같은 두께의 반달 모양으로 썬다.

윗부분에 나비넥타이 모양으로 칼집을 내어 남기고, 나머지 껍질을 깎는다.

키위

1

2

3

키위는 잘 씻어 위, 아래의 단단한 심을 잘라내고 껍질을 벗긴다.

키위의 중간 부분에 지그재그로 칼집을 넣어 모양을 만든다.

반으로 잘라 지그재그가 위로 오도록 세워 담는다.

배와 레몬주스 Pear and Lemon Juice

재 료
배 1개, 레몬 1/4개, 물 1/4컵

■ 만드는 법

01 배와 레몬은 깨끗이 씻는다.

02 배는 껍질과 씨를 제거하여 믹서기에 갈고, 레몬은 반을 갈라서 즙짜개로 즙만 짠다.

03 레몬즙과 배즙을 함께 섞어 주스를 만든다.

tip 레몬의 향은 식욕을 증진시키고 스트레스를 해소시킨다.
중국에서 '백과의 으뜸'이라고 불리는 배는 대부분이 수분으로, 갈증을 풀어 주고 당도가 높아 피로 회복에 좋다.

1
배와 레몬은 깨끗이 씻는다.

2
레몬은 즙짜개로 즙을 짠다.

3
레몬즙과 배즙을 섞는다.

페퍼민트 Peppermint

재 료
페퍼민트 생잎 3티스푼, 페퍼민트 마른잎 2티스푼, 물 2컵

■ 만드는 법

01 페퍼민트 생잎은 깨끗이 씻어 물기를 없앤다.

02 생잎은 향이 잘 우러나도록 숟가락으로 살짝 으깬다.

03 티포트에 페퍼민트 마른잎을 넣고 뜨거운 물을 부은 뒤 생잎을 넣어 우려낸다.

04 찻잔에 따르고 페퍼민트 잎을 띄워 장식한다.

> **tip** 페퍼민트는 서양 박하라고도 하며 유럽이 원산지이다. '위장의 벗'이라 불리는 페퍼민트는 가장 많이 마시는 허브차 중 하나로 여러 가지 약효가 풍부하다. 감기에 효과가 있으며, 과식한 후 마시면 소화를 촉진시키고 스트레스 해소도 도와 준다. 향이 입안을 개운하게 만들어 주므로 식후에 마시면 좋다.

1

페퍼민트 생잎은 씻어 물기를 없앤다.

2

생잎을 숟가락으로 으깬다.

3

티포트에 생잎을 넣어 우려낸다.

아이 생일 파티 꼬마 손님 대접

아이들의 밝은 웃음소리만큼 이 세상에서 아름다운 것이 또 있을까요? 소중한 내 아이의 생일 파티…… 오늘 한번만큼은 작은 정성으로 왕자처럼 공주처럼 만들어 주세요.

● 과일깎기

아이의 생일 파티에 알록달록 영양 많은 멜론, 사과, 오렌지, 키위, 수박으로 앙증맞게 꾸며 보세요. 보는 것만으로도 아이들이 즐거워 하겠죠.

● 과일주스　오렌지펀치

한바탕 즐겁게 뛰어놀고 난 뒤 시원하고 상큼한 오렌지펀치를 즐기도록 해 주세요.

● 과일빙수　Fruit ice water

생일 파티가 끝나갈 즈음 달콤하고 시원한 과일 빙수로 마무리를 해 주세요.

멜론

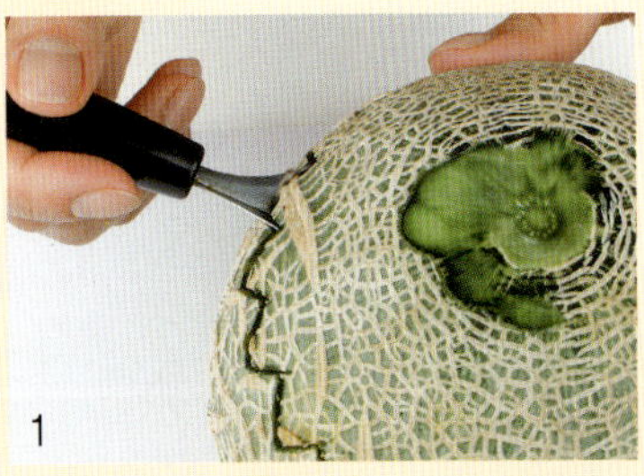

1

2

3

1/3 되는 윗부분에 톱니바퀴 모양으로 칼집을 일정하게 넣는다.

칼을 과육과 껍질 사이로 돌려 둘을 분리한다.

과육은 스쿠프로 동그랗게 파낸다.

수박

1

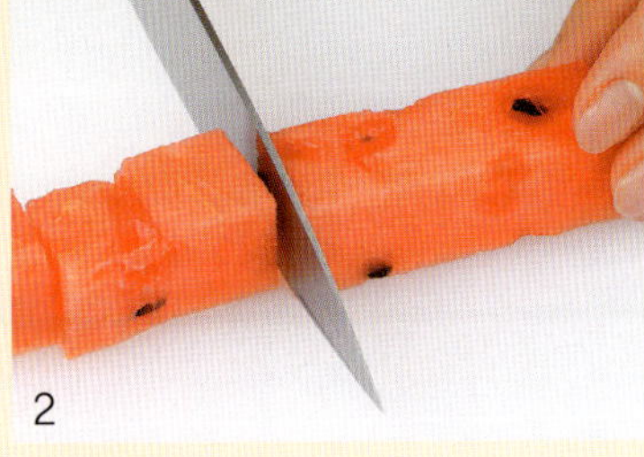

2

3

반을 갈라 한쪽은 스쿠프로 파낸다.

한쪽은 1cm 정도의 두께로 잘라 네모지게 자른다.

꼬치에 스쿠프로 파낸 수박과 멜론을 엇갈리도록 끼운다.

오렌지

1

2

3

하얀 심이 없도록 껍질을 벗긴다.

반을 잘라 4등분한다.

작고 네모지게 잘라 놓는다.

키위

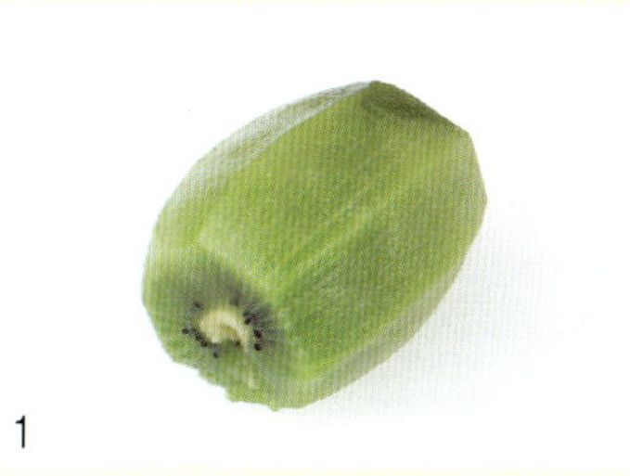

1

위, 아래를 잘라내고 껍질을 벗긴다.

2

반으로 갈라 3등분한다.

3

작고 네모지게 잘라 놓는다.

사과

1

1/2되는 부분에 지그재그로 깊게 칼집을 넣는다.

2

살짝 비틀듯이 돌려 분리한다.

3

가운데 심을 스쿠프로 파낸다.

사과바구니

1

깍뚝썰기한 수박, 오렌지, 키위를 준비한다.

2

각각 어울리도록 잘 섞는다.

3

사과바구니에 담는다.

오렌지펀치 Orange Punch

재 료
오렌지 2개, 사이다 1컵, 레몬즙 1작은술, 꿀 1큰술

■ 만드는 법

01 오렌지는 깨끗이 씻어 껍질을 벗겨 믹서기에 간 뒤 체에 걸러 즙만 냉장고에 넣어둔다.

02 오렌지즙에 레몬즙, 사이다, 꿀을 넣고 다시 잘 섞는다.

03 예쁜 유리컵에 오렌지펀치를 붓고 얼음을 띄워낸다.

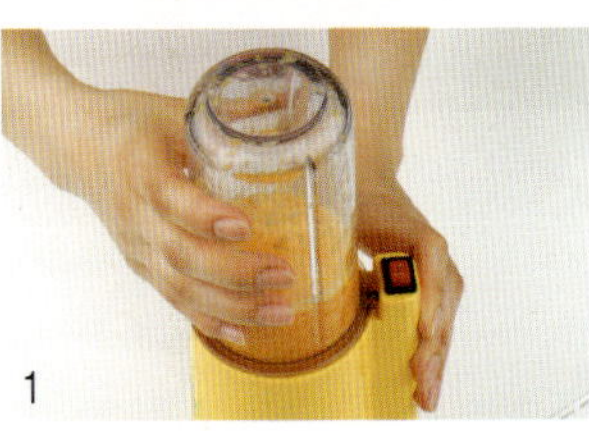

오렌지를 믹서기에 간다.

레몬즙, 사이다, 꿀을 넣는다.

유리컵에 오렌지펀치를 담는다.

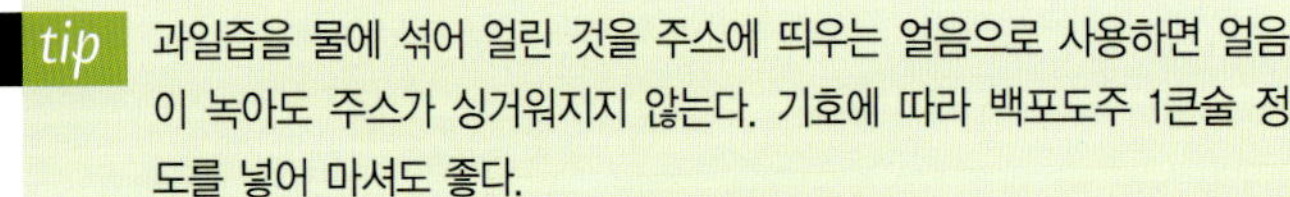

tip 과일즙을 물에 섞어 얼린 것을 주스에 띄우는 얼음으로 사용하면 얼음이 녹아도 주스가 싱거워지지 않는다. 기호에 따라 백포도주 1큰술 정도를 넣어 마셔도 좋다.

과일빙수 Fruit Ice water

재 료

딸기 5개, 키위 2개, 사과 1/4쪽, 각얼음 2컵,
바닐라아이스크림 1컵, 생크림(가당) 2큰술, 우유 1/2컵

■ 만드는 법

01 딸기, 키위, 사과는 깨끗이 씻어 비슷한 크기로 조그맣게 깍
둑썰어 놓는다.

02 준비한 각얼음을 믹서에 갈아 빙수 그릇에 담은 뒤 아이스
크림을 올린다.

03 아이스크림 둘레에 준비한 과일을 담고, 우유를 부은 뒤 생
크림을 올린다.

tip 더위에 지친 아이들의 여름철 간식으로 그만이다. 특히 딸기는 아이
들이 좋아하는 과일 중 하나인데, 생크림을 곁들이면 딸기의 단맛을
더욱 살려 주어 그 맛이 더욱 일품이다.

1
딸기, 키위, 사과를 깍뚝썰기 한다.

2
갈은 얼음 위에 아이스크림을 올린다.

3
아이스크림 둘레에 과일을 담는다.

수험생의 두뇌 활동에 좋은 과일

수험생을 위한 건강 요리와 함께 과일, 견과류, 허브차를 준비합니다. 비타민을 많이 섭취할 수 있는 과일과 집중력을 강화시켜 주는 로즈메리, 노폐물 배출을 촉진시켜 뇌세포에 깨끗한 혈액을 공급시켜 주는 땅콩, 호두 등의 견과류가 좋습니다. 정성과 사랑의 마음이 전해진다면 공부에 지친 아이들이 오랜만에 여유를 느낄 수 있지 않을까요.

● 과일깎기

수험생의 소화 흡수를 도와 위의 부담을 덜어 주는 파파야, 사과, 파인애플과 영양이 풍부한 아보카도, 딸기, 참외를 담았습니다.

● 과일주스　딸기쉐이크

비타민 C가 많아 수험생의 몸과 정신적 스트레스를 이겨내는데 좋은 딸기와 영양이 많은 우유로 만들었습니다.

● 허브차　로즈메리

로즈메리는 기분을 밝게 하고 집중력을 증진시켜 공부하는 수험생에게 도움이 됩니다.

파인애플

1

과육만 반달 모양으로 자른다.

2

심은 삼각형으로 도려내고 일정한 두께
로 자른다.

3

사다리꼴로 썰어 꼬치에 끼운다.

딸기

1

깨끗이 씻어 꼭지를 떼낸다.

2

칼집을 세로로 V자로 넣는다.

3

칼집을 넣은 부분을 위로 밀어올려 모양
을 낸다.

참외

1

참외는 세로로 2등분한다.

2

씨를 긁어내고 껍질을 벗긴다.

3

삼각형 모양으로 자른다.

사과

1

깨끗이 씻어 세로로 4~6등분해서 안쪽을 반듯하게 자른다.

2

가장자리부터 일정한 간격으로 V자로 2~3번 칼집을 넣는다.

3

위로 차례대로 밀어올려 모양을 만든다.

아보카도

1

세로로 2등분한다.

2

씨를 제거하고 껍질 모양이 흐트러지지 않게 과육을 분리한다.

3

과육을 사각형으로 썰어 껍질로 만든 그릇에 담는다.

파파야

1

깨끗이 씻어 세로로 2등분한다.

2

씨를 긁어내고 4등분하여 껍질을 벗긴다.

3

과육을 길게 자른다.

딸기쉐이크 Strawberry Shake

재 료
딸기 큰것 4개, 우유 3/4컵, 바닐라 아이스크림 1/4컵, 얼음 적당량

■ 만드는 법

01 딸기는 꼭지를 떼고 흐르는 물에 깨끗이 씻어 물기를 뺀다.

02 딸기, 우유, 얼음을 함께 믹서에 넣고 간다.

03 02에 바닐라 아이스크림을 넣고 한번 더 살짝 간다.

04 잘 섞여지면 잔에 담아 딸기 조각과 허브로 장식한다.

tip 쉐이크(shake)는 흔들어 만드는 것을 말하며, 과일을 이용한 것이 많다. 얼음을 같이 넣어 갈아 만들면 마실 때 얼음 알갱이가 씹혀 더욱 시원하고 맛이 있다. 딸기는 과일 중에서 비타민 C를 가장 많이 함유하고 있어 피부를 윤기있게 해 주며, 스트레스 해소에 효과적이다.

1

딸기는 씻어 물기를 뺀다.

2

딸기, 우유, 얼음을 믹서기에 간다.

3

2에 아이스크림을 넣고 간다.

1
생잎을 씻어 물기를 없앤다.

3
마른잎을 넣고 우려낸다.

4
3에 생잎을 넣어 우려낸다.

로즈메리 Rosemary

재 료

로즈메리 생잎 3티스푼, 로즈메리 마른잎 2티스푼, 물 2컵

■ 만드는 법

01 로즈메리 생잎은 깨끗이 씻어 물기를 없앤다.

02 생잎은 향이 잘 우러나도록 스푼으로 살짝 으깬다.

03 티포트에 로즈메리 마른잎을 넣고 뜨거운 물을 부어 우려
   낸다.

04 03에 생잎을 넣어 조금 더 우려낸 뒤 찬잔에 따른다.

tip 지중해 연안이 원산지로 장뇌와 비슷한 향이 있다. 로즈메리의 잎은 향이 강하여 조금만 손에 닿아도 향기가 나고, 말라도 향이 사라지지 않는다. 로즈메리 차는 뇌의 기능을 높여 수험생에게 좋으며, 두통 · 감기에 좋다(신경증에도 효과가 있으며, 기분을 맑게 해 준다).

크리스마스와 과일의 만남

창밖은 흰눈이 소리없이 내리는 화이트 크리스마스……. 화려한 네온등과 북적거리는 인파 속을 걷는 것도 좋지만, 아늑한 집에서 향 좋은 과일을 음미하며 캐롤송을 흥얼거려 보는 건 어떨까요?

● 과일깎기

크리스마스에는 정겨운 사람들 또는 연인과 아늑한 집에서 사과, 멜론, 바나나, 포도, 아보카도, 딸기로 예쁘게 코디해서 분위기를 한껏 내는 것은 어떨까요. 창밖에 눈이 내리면 더욱 좋겠죠.

● 과일주스   아보카도주스

영양 많고 부드러운 맛의 아보카도주스와 함께 더욱 무르익는 연말 분위기를 느껴 보세요.

● 허브차   히비스커스

붉은색의 매력적인 히비스커스의 맛과 향……. 피로 회복과 갈증 해소에도 도움을 주는 차 한잔으로 가는 해를 마무리해 보세요.

사과

1

2

3

사과는 반으로 갈라 위, 아래를 잘라내고 씨를 도려낸다.

대각선으로 칼집을 넣은 뒤 가로로 6등분한다.

칼집을 넣은 부분까지 껍질을 벗긴 뒤 비스듬히 놓는다.

멜론

1

2

3

멜론은 4등분하여 씨를 긁어낸다.

과육과 껍질 사이를 칼로 분리한다.

과육을 원하는 모양틀로 찍어낸다.

바나나

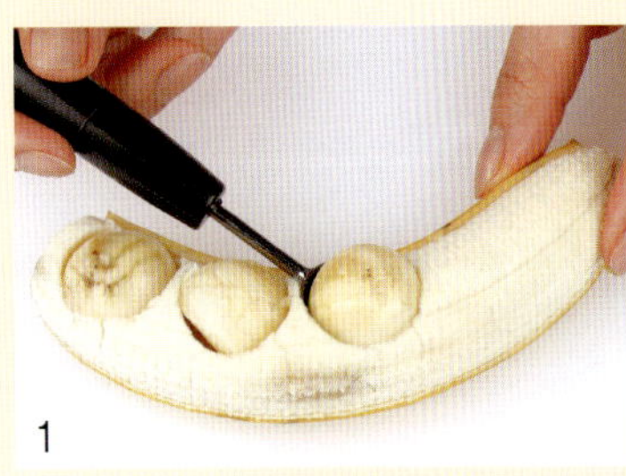

1

2

3

바나나의 윗껍질을 벗긴 뒤 스쿠프로 동그랗게 파낸다.

꼬치에 바나나를 보기 좋게 꽂는다.

접시에 장식해서 담는다.

포도

1

포도를 송이송이 떼어 놓는다.

2

껍질의 바깥쪽에 칼집을 넣는다.

3

껍질을 벌려 안쪽으로 살짝 밀어 넣는다.

아보카도

1

세로로 2등분 한다.

2

씨를 칼로 찍어 돌려서 빼낸다.

3

일정한 간격으로 어슷하게 자른 뒤 껍질을 벗긴다.

딸기

1

깨끗이 씻어 꼭지를 떼낸다.

2

세워놓고 십자로 2/3 지점까지 칼집을 넣는다.

3

엇갈리게 살짝 비틀고 생크림을 넣어 장식한다.

아보카도주스 Avocado Juice

재 료

아보카도 1/4개, 요구르트 1개, 물 1/2컵, 꿀 3큰술

■ 만드는 법

01 아보카도는 껍질과 씨를 빼낸 뒤 적당한 크기로 자른다.

02 아보카도, 요구르트, 물, 꿀을 함께 믹서기에 넣고 간다.

03 예쁜 유리잔에 얌전히 따라낸다.

1

적당한 크기로 자른다.

2

믹서기에 재료를 넣고 간다.

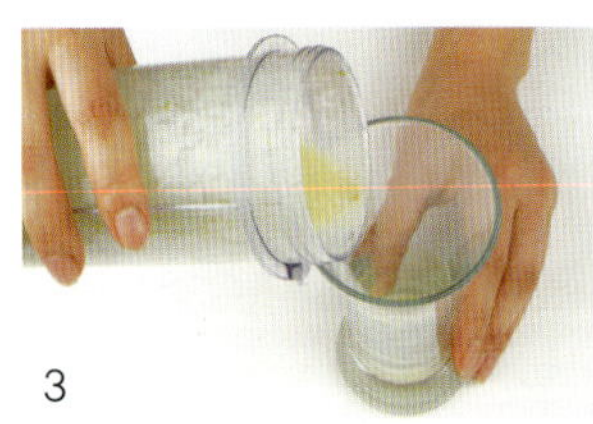

3

유리잔에 따른다.

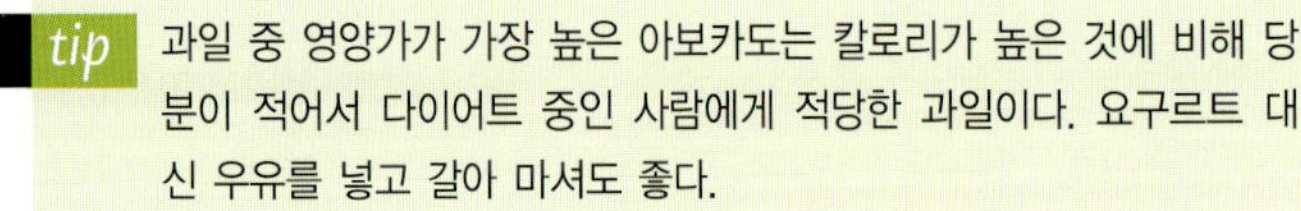

tip 과일 중 영양가가 가장 높은 아보카도는 칼로리가 높은 것에 비해 당분이 적어서 다이어트 중인 사람에게 적당한 과일이다. 요구르트 대신 우유를 넣고 갈아 마셔도 좋다.

1

히비스커스를 티포트에 넣는다.

2

끓는 물을 부어 우려낸다.

3

찻잔에 따른다.

히비스커스 Hibiscus

재 료

히비스커스 2티스푼, 물 2컵

■ 만드는 법

01 히비스커스 2티스푼을 티포트에 넣는다.

02 물을 끓여 티포트에 붓고 3~4분 정도 우려낸다.

03 찻잔에 따르고 향과 색을 음미하며 마신다.

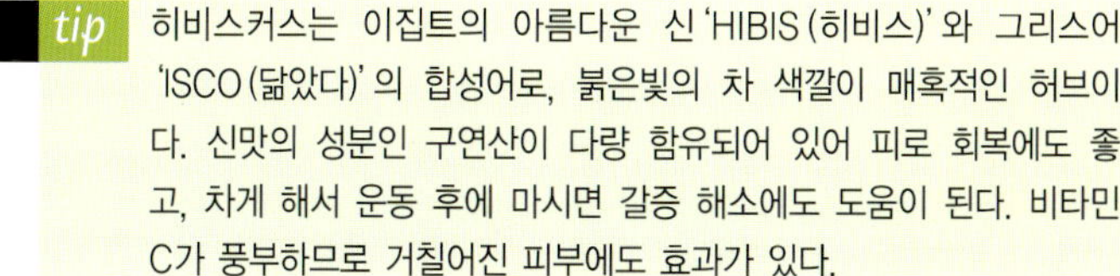

tip 히비스커스는 이집트의 아름다운 신 'HIBIS (히비스)' 와 그리스어 'ISCO (닮았다)' 의 합성어로, 붉은빛의 차 색깔이 매혹적인 허브이다. 신맛의 성분인 구연산이 다량 함유되어 있어 피로 회복에도 좋고, 차게 해서 운동 후에 마시면 갈증 해소에도 도움이 된다. 비타민 C가 풍부하므로 거칠어진 피부에도 효과가 있다.

부모님 생신은 과일에 정성을 담아

혹시 부모님 생신을 잊은 적은 없습니까? 하루쯤은 친정 부모님과 함께 보내는 것도 좋겠고, 고부간에 도란도란 이야기꽃을 피워 보는 것은 어떨까요. 부모님이 좋아하시는 떡을 이용해 생일 케이크를 만들고, 과일을 정성스럽게 모양내어 깎아 보았습니다. 여기에 꽃다발을 한아름 더한다면 부모님이 바라시던 선물이 될 것입니다.

● 과일깎기

부모님 생신날 옛부터 즐겨 먹던 감, 참외, 수박과 새로운 망고, 키위, 파파야를 정성껏 예쁘게 담았습니다.

● 과일주스   망고에이드

영양이 풍부하고 부모님께 활력을 불어넣어 드릴 수 있는 망고로 색다른 주스를 준비했습니다.

● 허브차   레몬밤

부모님의 건강한 노년을 위해 불로장생의 영약으로 명성이 높은 레몬밤으로 차를 만들었습니다.

감

깨끗이 씻어 꼭지 부분을 도려낸다.

세로로 4~6등분한다.

껍질을 벗겨서 과육 밑에 깔아 담는다.

참외

참외를 세로로 4등분한다.

껍질을 벗기고 씨를 긁어낸다.

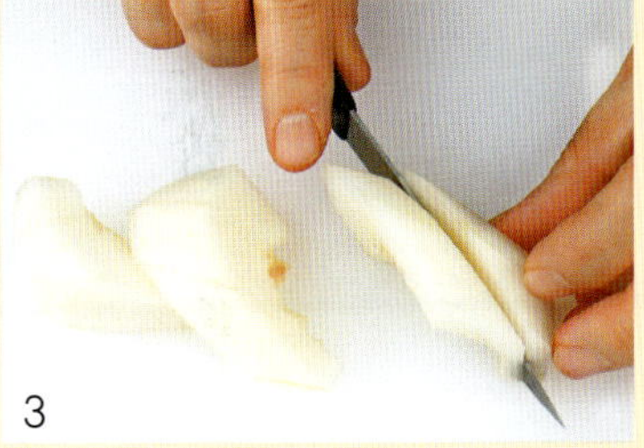

비스듬히 잘라 모양내서 담는다.

수박

잘 씻어 세로로 8등분으로 나누고, 가로로 2등분한다.

껍질과 과육 사이를 편편하게 자른다.

과육을 삼각형으로 썰어 수박 껍질 위에 엇갈리게 담아낸다.

망고

1

가운데의 씨를 중심으로 3등분한다.

2

씨 없는 부분 안쪽에 가로, 세로로 무늬를 넣는다.

3

뒤로 살짝 뒤집어 모양을 만들고, 과육 밑으로 칼집을 넣는다.

키위

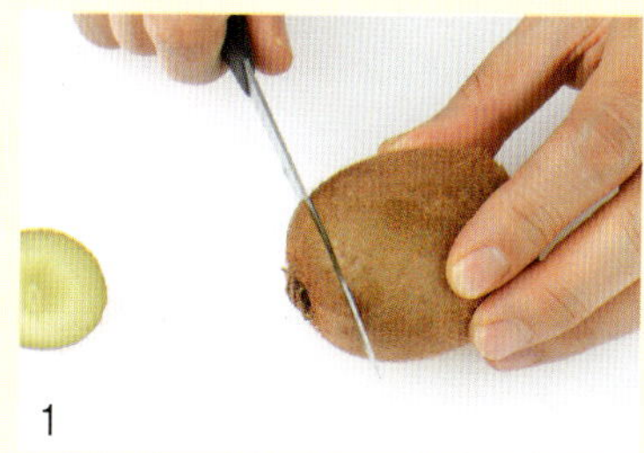

1

깨끗이 씻어 위, 아래의 딱딱한 부분을 잘라낸다.

2

지그재그로 칼집을 넣어 모양을 낸다.

3

껍질을 벗기고 반을 가른 뒤 일정한 두께로 썰어 담는다.

파파야

1

꼭지 부분을 두껍게 잘라낸다.

2

2등분하여 가운데 씨를 빼낸다.

3

껍질을 벗기고 반달 모양으로 자른다.

망고에이드 Mango ade

재 료
망고 200g, 탄산수 1컵, 꿀 1티스푼

■ 만드는 법

01 망고는 시원하게 냉장고에 넣어 두었다가 준비한다.

02 망고의 껍질과 씨를 제거한다.

03 망고를 적당한 크기로 잘라 과육이 씹히지 않게 꿀과 함께 넣고 믹서기에 간다.

04 유리컵에 망고주스를 붓고 탄산수를 부어 잘 섞는다. 얼음을 같이 넣어 마셔도 좋다.

tip 에이드는 과일을 갈아 탄산수나 설탕을 섞어 톡 쏘는 맛과 새콤한 맛을 조화시켜 만든 음료이다. 재료는 오렌지, 레몬, 사과 등 과즙이 많은 과일이 좋다.

1

재료를 준비한다.

2

망고의 껍질과 씨를 제거한다.

4

망고주스에 탄산수를 섞는다.

1

레몬밤 잎을 씻어 물기를 없앤다.

2

숟가락으로 으깬다.

3

뜨거운 물로 우려낸다.

레몬밤 Lemon balm

재료
레몬밤 생잎 6티스푼, 물 2컵

■ 만드는 법

01 레몬밤 잎은 깨끗이 씻어 물기를 없앤다.

02 생잎은 향이 잘 우러나도록 숟가락으로 살짝 으깬다.

03 티포트에 생잎을 넣고 뜨거운 물을 부어 우려낸다.

04 찻잔에 따르고 생잎을 띄워 장식한다.

tip 레몬밤은 유럽 남부가 원산지로 식물 전체에 방향이 있다. 레몬밤의 꽃에 꿀이 많아 꿀벌이 많이 모이기 때문에 비빔Bee balm)이라고 도 부른다. 노화의 예방에도 효과가 뛰어나 불로장생의 약으로 알려 져 있다. 또한 레몬밤 차는 뇌의 활동을 높여 주고, 머리를 맑게 하 고, 소화를 돕고, 식욕을 돋우어 주어 식전 식후의 음료로 좋다.

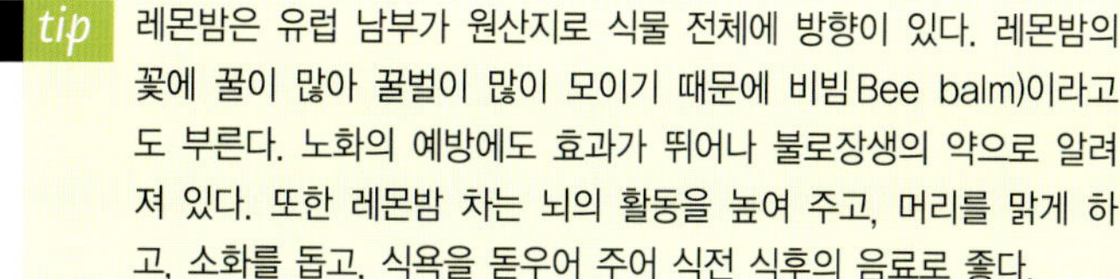

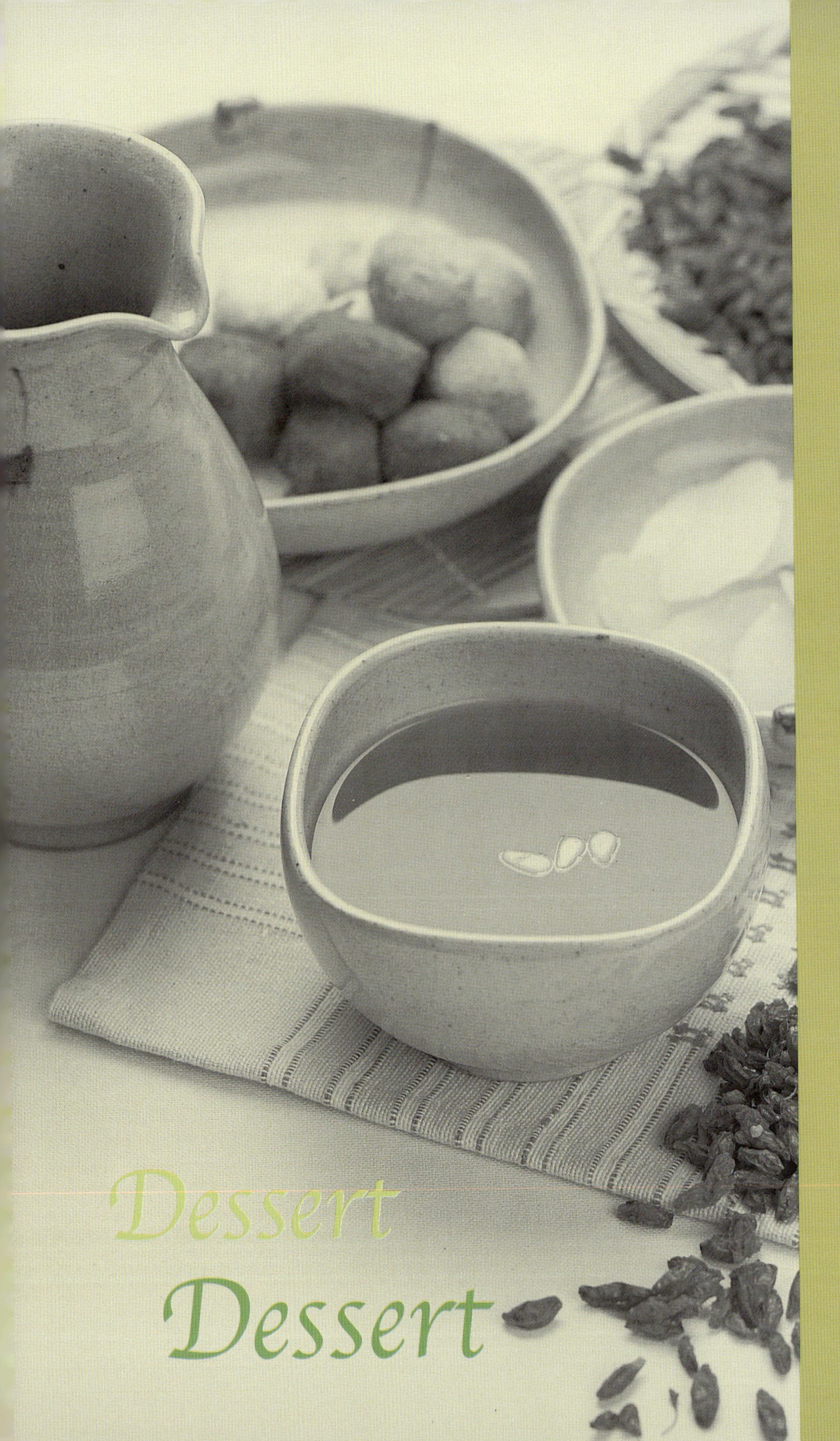

Dessert
Dessert

몸에 보약이 되는
전통차

오미자차 | 구기자차 | 들깨차 | 오디차 | 인삼차 | 대추차

솔잎차 | 사과차 | 두충차 | 생강차 | 유자차 | 오과차

칡차 | 오갈피차 | 감잎차 | 율무차 | 당귀차 | 쑥차

오미자차

재 료

오미자 200g, 생수 10컵, 꿀 6큰술,
시럽 4큰술, 배 1/2개

시럽 : 설탕 1/2컵, 물 1/2컵

■ 만드는 법

01 오미자는 깨끗이 씻어 팔팔 끓여 식힌 물이나 생수에 하룻
밤 담가 진달래 빛으로 곱게 물이 들도록 우려낸다.

02 냄비에 설탕과 물을 동량으로 넣고 약한 불에서 젓지 않고
반 정도 줄 때까지 조려 시럽을 만든다.

03 곱게 우려낸 오미자는 체에 면보를 깔고 물을 걸러낸다.

04 고운 색의 오미자 물에 꿀과 시럽을 넣어 단맛을 조절한다.

05 배는 껍질을 벗겨 납작하게 자른 뒤 채썰거나 모양틀로 찍
어낸다. 색이 변하지 않도록 설탕물에 담가 놓는다.

06 따끈하게 데운 오미자 물을 찻잔에 따르고 배를 띄워낸다.

오미자차 재료 준비하기

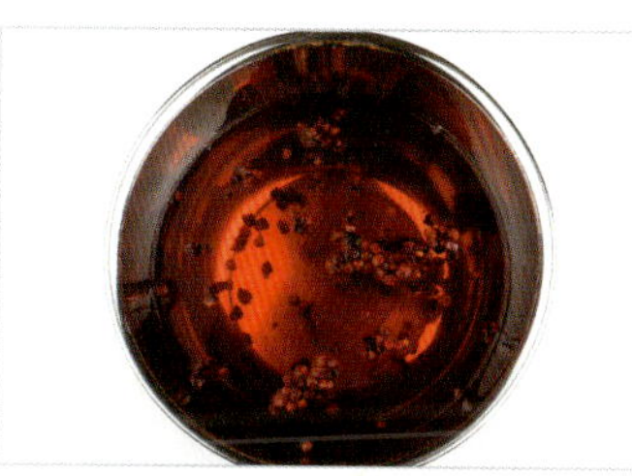

오미자 물 우려내기

우려낸 오미자 물 면보에 거르기

배를 모양틀로 찍어내기

tip

오미자의 효능

오미자는 신맛, 쓴맛, 단맛, 매운맛, 짠맛의 다섯 가지 맛이 한꺼번에
느껴진다 하여 붙여진 이름이다. 칼슘, 인, 단백질, 탄수화물, 비타민
의 니아신이 풍부하다.
머리를 맑게 하여 피로 회복에 좋고, 우리 몸의 혈액 중 혈당치를 낮
추는 효과가 있어 당뇨병으로 갈증이 심할 때 장기 복용하면 좋다. 또
더운 여름철에 차게 해서 마시면 갈증 해소에 좋고, 추운 겨울철 감기
에도 뛰어난 효과를 볼 수 있다.

구기자차

재 료
구기자 50g, 물 6컵, 꿀 5큰술, 잣 조금

■ 만드는 법

01 구기자는 물에 가볍게 흔들어 씻는다.

02 냄비에 분량의 물과 구기자를 넣어 끓기 시작하면 불을 줄이고 40분 정도 약한 불에서 은근히 끓인다.

03 구기자 물이 충분히 우러나면 면보를 깐 체에 거른다.

04 구기자 물에 꿀을 섞어 단맛을 조절한다.

05 찻잔에 구기자 물을 따르고 잣을 3~4알 정도 띄워낸다.

구기자차 재료 준비하기

구기자 물에 씻기

구기자 은근히 끓이기

구기자 물에 꿀 섞기

 **tip**

구기자의 효능

구기자는 구기자나무의 열매로 혈액 순환을 잘 되게 하는 성분을 함유하고 있어 고혈압 환자가 마시면 좋다. 또 여성의 피부가 고와지고 기미가 없어지는 효과도 있어 예로부터 미용재료로도 많이 사용되었다. 눈이 침침하거나 현기증이 나고 피곤할 때도 좋다. 오랫동안 마시면 잔병치레 없이 몸을 튼튼하게 지킬 수 있고, 중풍 예방에도 효과가 있다. 또한 노화 방지에 효과적이고 알카로이드인 베타인이라는 성분으로 자양강장제로도 으뜸이며, 남성들의 정력 증진에도 도움을 준다. 중국의 진시황이 구하던 불로초였다는 전설도 있다.

구기자를 식수로 활용할 때

1. 구기자 100g 정도를 기름을 두르지 않은 약한 불에서 살짝(보리차 알갱이 정도로 단단해지도록) 볶는다.
2. 주전자에 물을 가득 담고 볶은 구기자를 넣어 보리차 끓이는 정도로 끓인다.
3. 병에 담아 냉장 보관하여 시원하게 마신다.

들깨차

재 료
들깨 300g, 꿀 약간, 물 적당량

■ 만드는 법

01 들깨는 물에 깨끗이 씻어 이물질을 제거한다.

02 체에 밭쳐 물기를 완전히 빼 놓는다.

03 냄비에 볶아서 식혀 믹서기에 살짝 간다.

04 살짝 갈은 것을 꺼내 껍질을 날려 버린다.

05 다시 믹서기에 넣어 갈아 준다.

06 찻잔에 들깨가루를 넣고 끓는 물을 부어 잘 섞은 뒤 꿀을
   타서 마신다.

들깨차 재료 준비하기

씻은 들깨를 체에 밭쳐 물기 빼기

냄비에 들깨 볶기

믹서기에 넣고 가루로 만들기

tip

들깨의 효능

들깨는 인도, 중국 등이 원산지로 현재는 한국, 일본 등 여러 나라에서
재배된다. 들깨에는 필수 지방산, 단백질, 비타민 등이 들어 있어 피를
맑게 해 주고 피부를 회복시키는데 효과적이며 감기 예방에 좋다.
뇌신경 전달 물질의 활동을 활성화시켜 수험생에게도 좋으며, 장기를
부드럽게 해 변비 해소에도 효과적이다. 들깨는 쉽게 상하므로 냉장,
냉동 보관하는 것이 좋다.

「동의보감」에서

들깨죽 : 들깨와 쌀을 불려 믹서에 갈아 죽을 쑤어 먹으면 피부를 곱
게 하고, 변비에도 좋다.

오디차

재 료
말린 오디 100g, 물 10컵, 꿀 1컵

■ 만드는 법

01 말린 오디는 잡티를 고르고 깨끗이 씻어 분량의 물과 함께 끓인다.

02 끓으면 약한 불로 줄여 1~2시간 정도 푹 삶는다.

03 오디가 푹 무르고 국물이 없어지면 꿀을 넣은 뒤 한소끔 끓여 식힌다.

04 어느 정도 식으면 깨끗한 병에 담아 냉장고에 보관해 두고, 찻잔에 2작은술 정도 넣고 끓는 물을 부어 마신다.

오디차 재료 준비하기

오디 끓이기

푹 무른 오디에 꿀 넣기

찻잔에 덜어서 마시기

tip

오디의 효능

뽕나무의 검붉고 단 열매인 오디는 '상실' 이라고도 하며 유기산, 섬유소, 무기질의 인과 칼륨, 비타민 A, B, C와 같은 많은 영양소를 함유하고 있어 어른은 물론이고 소아 비만 예방 및 치료에 효과가 있다. 또 자양분이 풍부하여 건망증에도 먹으면 좋다. 뽕나무의 잎 또한 식용으로 사용하는데 4월과 10월에 채취한 뽕잎으로 만든 차는 '신선차' 라 하여 백발을 흑발로도 만든다고 한다. 소화 기능과 면역 기능면에서 활발한 혈액형 O형인 이에게 알맞은 차이기도 하다.

생오디로 오디차를 즐길 때

1. 오디는 깨끗이 씻은 뒤 오디 400g에 설탕 200g 비율로 재워둔다.
2. 설탕이 녹아 오디즙이 생기면 물 5컵 정도를 넣고 믹서기에 간 뒤 체에 밭쳐 병에 담아 놓고 마신다.

인삼차

재 료
건인삼 100g, 꿀 2컵, 잣 약간, 대추채 약간

■ 만드는 법

01 건인삼은 젖은 면보로 살살 닦아 준다.

02 손질한 건인삼을 분쇄기에 넣고 곱게 간다.

03 곱게 간 인삼을 유리병에 담고 꿀과 함께 섞어 둔다.

04 하루 정도 재운 뒤 찻잔에 **03**을 2작은술 정도 담고 끓는 물을 붓는다. 고명으로 잣과 대추채를 올린다.

인삼차 재료 준비하기

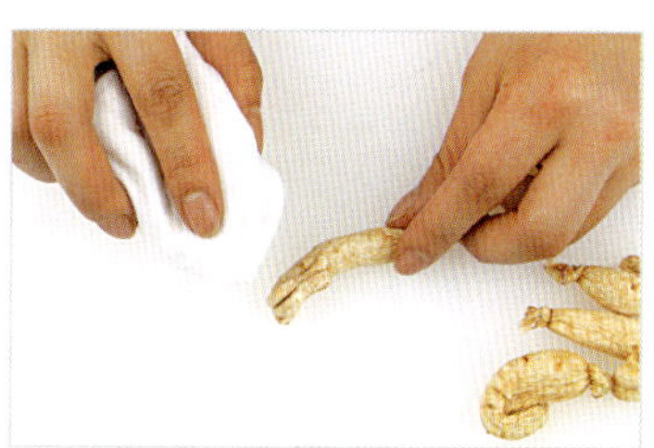
건인삼을 젖은 면보로 살살 닦아 주기

분쇄기에 곱게 갈기

인삼 가루와 꿀 섞기

(tip) 인삼의 효능

인삼의 주성분인 사포닌은 130℃ 이상에서 분해되므로 인삼차는 따끈하게 마시는 것이 효과적이다. 인삼은 폐를 든든하게 하여 양기를 돋워 주어 피로를 쉽게 느끼는 사람에게 좋다. 현대 의학의 난치병인 암 예방에도 효과가 높은 것으로 알려져 있다.

인삼과 삼계탕

삼계탕은 우리나라 전통 음식으로 기가 허한 사람이 몸보신용으로 땀을 많이 흘리는 여름철에 먹는 음식 중 하나이다.
풍부한 단백질과 필수 아미노산의 으뜸인 닭고기와 인삼은 찰떡궁합으로 알려져 있는데, 「동의보감」에 의하면 "삼계탕에 들어가는 인삼은 심장 기능을 강화하고 함께 들어가는 마늘은 강장제 구실을 하고 밤과 대추는 위를 보호하며 빈혈을 예방해 준다"라고 쓰여 있다.

대추차

재 료

대추 30개, 생강 20g, 물 8컵, 황설탕 4큰술, 잣 약간

■ 만드는 법

01 대추는 따뜻한 물에 칫솔을 사용하여 주름진 사이도 닦아 낸 뒤 헹궈 물기를 빼 놓는다.

02 생강은 껍질을 벗기고 깨끗이 씻어 얇게 저며 썬다.

03 냄비에 대추와 생강을 넣고 분량의 물을 부어 끓인다.

04 끓기 시작하면 약한 불로 줄여 1시간 정도 더 끓인 뒤 면보를 깐 체에 밭친다.

05 찻잔에 따르고 기호에 따라 황설탕을 넣고 잣을 띄워낸다.

대추차 재료 준비하기

생강 얇게 저며 썰기

대추와 생강 끓이기

푹 끓인 뒤 체에 거르기

tip

대추의 효능

대추의 단맛은 긴장을 풀어 주는 신경 안정 작용이 있어 히스테리 증상으로 화를 잘 내거나 짜증을 자주 부리는 사람에게 좋다. 또한 비타민 C, 칼슘, 미네랄이 풍부하여 피로 회복과 감기에도 효과가 있다. 생강을 같이 넣어 마시면 숙취 제거에도 많은 도움이 되며, 이뇨 작용에도 효과가 있기 때문에 몸이 자주 붓는 사람이 마시면 좋다.

대추주 담그는 법

잘 말린 대추를 깨끗이 씻어 용기에 담고 3~4배 정도의 소주를 부은 뒤 마개를 잘 닫아 3개월 정도 보관 · 숙성시켜 마신다.

솔잎차

재 료
솔잎 400g, 물 3컵, 황설탕 600g

■ 만드는 법

01 솔잎은 검정 껍질이 없도록 깨끗이 씻은 뒤 체에 받쳐 물기를 뺀다.

02 냄비에 물과 황설탕을 넣고 중간 불에서 5분 정도 끓여 시럽을 만든다(이때 주걱이나 숟가락으로 젓지 않는다).

03 깨끗이 씻어 물기를 없앤 병에 솔잎을 담고 시럽을 붓는다.

04 서늘한 곳에 3개월 정도 보관한 뒤 건더기를 걸러 물만 냉장 보관한다.

05 조금씩 덜어 끓는 물을 부어 마신다.

솔잎차 재료 준비하기

물과 황설탕으로 시럽 만들기

병에 솔잎을 넣고 시럽 붓기

서늘한 곳에 보관하기

tip

솔잎의 효능

솔잎은 소나무의 잎을 약용한 것으로, 솔잎이 가장 좋은 6월에 많이 담근다. 엽록소와 비타민 A, C, 미네랄 등이 다량 함유되어 있고 혈액 순환을 원활하게 하여 동맥경화, 중풍, 고혈압, 신경통 등에 좋다. 소나무는 모든 것(송진, 송화, 솔열매, 송기)이 약으로 쓰이며, 특히 솔잎은 신선이 먹었다고 해서 '선식'이라고도 한다.

솔잎차 만드는 다른 방법

1. 어린 솔잎을 따서 검정 껍질이 없도록 잘 씻는다.
2. 잘 말린 뒤 살짝 볶아 빻아서 가루로 만든다.
3. 끓는 물에 설탕이나 꿀을 타서 마신다.

사과차

재 료 ──────────
사과 3개, 황설탕 200g, 물 적당량

■ 만드는 법

01 사과는 껍질째 깨끗이 씻어 물기를 없앤다.

02 씨만 빼고 얇게 저며 썬다.

03 얇게 썬 사과를 설탕에 버무린다.

04 깨끗이 씻어 물기를 없앤 병에 설탕에 버무린 사과를 차곡차곡 담는다.

05 밀봉했다가 사과가 위로 뜨면 조금씩 덜어 끓는 물을 부어 마신다.

tip

사과의 효능

사과는 우리나라 사람들이 가장 즐겨 먹는 과일로, 수세기 동안 만병통치약으로 알려져 왔다.
알칼리성 식품으로 비타민, 미네랄 등이 많이 들어 있어 소화 불량에 좋으며, 간과 장기능을 활발하게 한다. 또 숙취 해소에 좋으며 변비 치료에도 효과적이다. 특히 껍질에 영양이 많기 때문에 멍이나 흠집이 없는 것으로 골라 껍질과 함께 차로 만들어야 좋다.

사과차 재료 준비하기

사과는 씨만 빼고 얇게 썰기

설탕에 버무리기

병에 담아 보관하기

두충차

재 료
두충 10g, 감초 10g, 꿀 4큰술, 물 10컵

■ 만드는 법

01 두충과 감초는 물에 깨끗이 흔들어 씻는다.

02 냄비에 두충과 감초를 넣고 분량의 물을 부어 끓인다.

03 끓어오르면 은근한 불에서 1시간 정도 더 끓인 뒤 면보를 깐 체에 밭친다.

04 따뜻하게 데운 찻잔에 따르고 꿀을 타서 마신다.

두충차 재료 준비하기

두충과 감초를 물에 흔들어 씻기

냄비에 넣고 끓이기

찻잔에 따른 뒤 꿀 타기

tip

두충차의 효능

두충차는 솔잎차, 뽕잎차와 함께 '신선삼보차'로 불린다. 비타민 B, 탄수화물, 단백질 등의 영양소를 고루 함유하고 있고 간장과 신장에 작용을 하여 근육과 골격을 강하게 만들어 주기 때문에 요통, 관절염을 앓고 있는 사람에게 좋다. 또한 자궁이 약한 여성들이 꾸준히 마시면 효과를 볼 수 있다.

차 다이어트에도 활용이 되는데 아침, 점심, 저녁 수시로 물 대신 꾸준히 마시면 도움이 된다.

생강차

재 료

생강 편썬 것 2컵 분량, 황설탕 300g,
잣 약간, 물 1컵 반

■ 만드는 법

01 생강은 껍질을 말끔히 벗기고 깨끗이 씻어 물기를 없앤 뒤 얇게 저며 썬다.

02 냄비에 물과 황설탕을 넣고 중간 불에서 젓지 않고 5분 정도 끓여 시럽을 만든다.

03 깨끗이 씻어 물기를 없앤 병에 시럽과 생강을 켜켜이 담아 재워 둔다.

04 서늘한 곳에서 15일 정도 보관한 뒤 끓는 물에 생강을 넣고 천천히 끓인다.

05 생강이 투명하게 되면 물만 따라 잣을 띄워 마신다.

생강차 재료 준비하기

생강 얇게 저며 썰기

생강에 시럽 붓기

생강 넣고 끓이기

tip

생강의 효능

생강의 원산지는 열대 아시아이다. 「동의보감」에는 생강이 소화 흡수를 돕고 식욕을 당기게 하며, 담을 없애고 구토를 멈추게 하며 천식을 다스린다고 하였다. 그러나 생강을 너무 오래 먹으면 몸에 열이 쌓여 좋지 않다고 하였다. 설사가 있을 때에는 생강을 껍질째 썰어 끓여 마시면 좋다. 생강의 맛이 좋지 않으면 귤껍질을 같이 재워 두었다가 끓이거나 대추를 넣고 끓이면 먹기가 한결 수월하다.

생강차 만드는 다른 방법

1. 생강의 껍질을 벗겨 깨끗이 씻어 얇게 저민다.
2. 주전자에 물과 함께 약한 불에서 15분 정도 끓인다.
3. 생강물만 잔에 따라 꿀이나 설탕을 타서 마신다.
   *생강은 조금씩 끓여 그때그때 마셔야 향이 달아나지 않아 좋다.

유자차

재 료

유자 10개, 설탕 1컵, 꿀 1컵, 잣 약간,
물 적당량

■ 만드는 법

01 유자는 깨끗이 씻어 반으로 가른다.

02 유자의 속을 파낸 뒤 껍질만을 곱게 채썬다.

03 깨끗이 씻어 물기를 없앤 병에 채썬 유자를 담고 분량의 설탕과 꿀을 넣은 뒤 밀봉하여 15~20일 정도 재워 둔다.

04 유자청이 되면 찻잔에 **03**을 2작은술 정도 넣고 끓는 물을 부어 향이 우러나면 잣을 띄워낸다.

유자차 재료 준비하기

유자 껍질 곱게 채썰기

채썬 유자에 꿀 넣기

찻잔에 덜어 마시기

tip

유자의 효능

중국이 원산지인 유자가 우리나라에 들어온 것은 840년도에 신라의 장보고가 중국 당나라 상인에게 얻어온 후부터라 한다.
유자에는 탄수화물의 당분이 많이 함유되어 있으며 비타민 B, C의 함유량이 높아 소화에 도움을 주고 감기, 오한, 해소에 탁월한 효과가 있다. 또한 피부 미용에도 좋으므로 여성들이 많이 마시면 좋다.

유자의 알뜰 활용

대부분 유자차의 건더기는 먹지 않고 남기는 경우가 많은데 이것들을 모아 청주에 3~4일 정도 담갔다가 목욕할 때 전신 마사지를 하면 피부가 매끄러워진다.

오과차

인삼 1뿌리, 대추 7개, 말린 밤 7개, 계피 3쪽, 귤껍질 5g, 물 8컵, 꿀 또는 설탕 약간, 잣 약간

■ 만드는 법

01 인삼, 대추, 밤, 계피, 귤껍질을 물에 깨끗이 씻어 놓는다.

02 냄비에 물을 붓고 밤, 인삼, 계피를 넣은 뒤 약한 불에서 물이 1/3 정도 줄어들 때까지 끓인다.

03 여기에 귤껍질, 대추를 넣고 약한 불에서 전체의 물이 1/2 정도로 줄 때까지 끓인다.

04 건더기를 걸러낸 뒤 찻잔에 따르고 꿀이나 설탕을 탄다.

05 잣을 고명으로 올린다.

tip

오과차의 효능

오과차는 귤껍질, 밤, 대추, 인삼, 계피 다섯 가지를 달여 마시는 전통차로 잦은 기침이나 감기에 좋다.
대추는 비장과 위장을 보하고 신경을 안정시킨다. 밤은 「동의보감」에 기를 돕고 위장을 튼튼하게 하며, 신을 보하고 배를 고프지 않게 한다고 적혀 있다. 계피는 계수나무 껍질로 주산지는 베트남이며, 매운맛과 뜨거운 성질이 있어 순환기 질환에 효과가 있다.

귤껍질 말리기

귤껍질 말린 것을 진피(蔯皮)라 하며, 오래된 것일수록 좋다. 칼륨 성분이 많고, 비타민 C가 과육보다 3배 정도 더 들어 있어 피로 회복에 좋다.
〈 집에서 진피 만드는 법 〉
1. 껍질에 소금을 발라 씻어 농약을 제거한다.
2. 귤껍질의 안쪽에 있는 하얀 내피를 긁어내고 흐르는 물에 씻는다.
3. 물기를 없앤 후 그늘에 말린다.
4. 병에 넣어 냉장고에 보관한다.

오과차 재료 준비하기

밤, 인삼, 계피를 넣어 끓이기

밤, 인삼, 계피에 귤껍질, 대추를 넣고 끓이기

건더기 걸러내기

칡 차

재 료
칡 200g, 물 8컵, 꿀 적당량, 잣 약간

■ 만드는 법

01 잘 말린 칡을 구입해 잡티를 골라내고 깨끗이 씻은 뒤 적당한 크기로 자른다.

02 냄비에 물을 붓고 칡을 넣은 뒤 한번 끓으면 약한 불에서 은근히 1시간 정도 더 끓인다.

03 물이 반 정도 줄어들면 체에 밭쳐 건더기를 걸러낸다.

04 찻잔에 따르고 꿀을 탄다.

05 잣을 고명으로 올린다.

칡차 재료 준비하기

적당한 크기로 자르기

칡 넣고 끓이기

다 끓인 후 건더기 걸러내기

tip

칡의 효능

칡은 콩과에 딸린 여러해살이 넝쿨나무이다. 가을이나 봄에 뿌리를 캐서 물로 씻어 햇볕에 말렸다가 잘게 썰어서 쓴다.
70% 정도가 물로 이루어져 있으며 당분, 섬유질, 인 등이 골고루 들어 있다. 복통, 설사, 식욕 부진, 감기로 인한 오한과 발열에도 효과가 있으며, 숙취 해소에도 좋다.
*칡의 뿌리를 달여 먹기도 하고, 생칡을 짜서 즙을 내 먹기도 한다.

생칡차 만드는 방법

1. 깨끗이 씻은 칡뿌리를 적당한 크기로 자른다.
2. 물을 조금 넣어 절구에 찧는다.
3. 베보자기에 걸러 국물을 낸다.
4. 꿀을 타서 마신다.

오갈피차

재 료

오갈피 100g, 물 8컵, 흑설탕 또는 꿀 약간, 대추 1개

■ 만드는 법

01 오갈피는 껍질이 두껍고 모양이 반듯한 것으로 골라 깨끗이 씻어 마른수건으로 물기를 닦아낸다.

02 냄비에 오갈피를 넣고 분량의 물을 부은 뒤 은근한 불에서 1시간 30분 정도 끓인다.

03 체에 밭쳐 건더기를 걸러낸다.

04 흑설탕이나 꿀을 타서 대추 고명을 띄워 마신다.

05 대추 고명 : 대추를 돌려깎아 살을 발라낸 뒤 얇게 채썬다.

엷게 끓여 물 대신 마셔도 좋다.

오갈피차 재료 준비하기

물 붓고 끓이기

건더기 걸러내기

대추 얇게 채썰기

tip

오갈피의 효능

오갈피나무는 중국이 원산지이다. 오갈피는 오갈피나무의 뿌리 껍질을 말하며, 오가피(五加皮)라고도 한다. 여름과 가을에 뿌리를 채취해 껍질을 벗겨낸 뒤 그늘에서 말린다.

오갈피나무는 한국, 중국, 아무르 등지에 분포하며, 인삼에 버금갈 정도로 그 효능이 뛰어나다. 예로부터 강장차로 전해오고 있으며 피로 회복, 정력 감퇴, 중풍, 신경통, 요통 등에 효과적이다.

감잎차

재 료

말린 감잎 3g, 물 5컵, 꿀 4큰술

■ 만드는 법

01 감잎은 물에 살짝 헹궈 놓는다.

02 감잎을 용기에 담고 80도 정도의 물을 붓는다.

03 따뜻한 물에 3~5분 정도 우려낸다.

04 감잎의 깊은 맛이 우러나면 찻잔에 따르고 꿀을 타서 마신다.

감잎차 재료 준비하기

감잎 손질하기

따뜻한 물에 우려내기

찻잔에 따르기

tip

감잎의 효능

감잎차는 6~7월 사이에 감나무의 잎을 따서 살짝 찐 후 말린 감잎을 사용한다. 감잎차는 레몬의 20배가 될 정도로 비타민 C가 풍부해 감기 예방에 탁월한데, 손질 과정 중 찌는 과정에서 비타민 C를 파괴하는 산화 효소를 증기로 없애기 때문이다. 또 5~6월 사이에 채취한 감잎에는 비타민뿐만 아니라 칼슘도 풍부해 임산부나 어린이에게 효과적이다. 꿀 대신 매실주를 한 방울 떨어뜨려 마셔도 피로 회복에 좋다.

감식초에 관하여

감식초는 음식의 산화를 저하시켜 음식 보존에 도움을 주며, 우리 몸의 신진대사를 촉진시켜 피로 회복에 도움을 준다. 또 천연 구연산을 다량 함유하여 살균 작용이 강하다.

율무차

재료 ------------------------------
율무 500g, 황설탕 약간, 물 적당량

■ 만드는 법

01 율무는 잡티를 골라내고 깨끗이 씻어 놓는다.

02 체에 밭쳐 물기를 완전히 제거한다.

03 냄비에 기름을 두르지 않고 옅은 갈색이 나도록 타지 않게 볶는다.

04 볶은 율무를 믹서기에 넣고 곱게 간다.

05 끓는 물을 부어 율무가루와 설탕을 잘 섞어 마신다.

율무차 재료 준비하기

냄비에 율무 볶기

볶은 율무 믹서에 갈기

tip

율무의 효능

율무는 우리 생활에서 쉽게 접할 수 있는 것으로, 중국 원산의 귀화 식물이다. 의이인(薏苡仁, 율무쌀)이라고도 하며 단백질, 지방, 철, 비타민 B_1, B_2 등이 많이 들어 있다. 특히 단백질의 구성은 곡류 가운데에서도 가장 뛰어나다.

이뇨, 진통, 강장 작용이 있으므로 부종, 신경통 등에 약재로 쓰인다. 율무를 볶아서 먹으면 비장의 기능이 강해진다.

율무차 끓이는 다른 방법

1. 율무는 잡티를 골라내고 깨끗이 씻어 물기를 뺀다.
2. 약한 불에서 천천히 볶는다.
3. 볶은 율무 20g에 물 600ml 정도를 넣고, 끓어오르면 은근한 불에서 30분 정도 더 끓인다.
4. 찻잔에 따르고 꿀을 타서 마신다.

율무가루에 물, 설탕 섞기

당귀차

재 료

말린 당귀 50g, 물 8컵, 구기자 30g,
잣 · 대추채 약간씩

■ 만드는 법

01 말린 당귀는 잡티나 흙을 제거하고 깨끗이 씻는다.

02 분량의 물을 붓고 센 불에서 한번 끓인 뒤 약한 불로 줄여
은근히 30분 정도 끓인다.

03 끓인 당귀 물에 깨끗이 씻은 구기자를 넣고 30분 정도 은근
히 더 끓인다.

04 건더기를 체에 밭쳐 걸러낸다.

05 고명으로 잣, 대추채를 올리고 하루에 1~2번 정도 마시면
좋다.

당귀차 재료 준비하기

당귀 물에 넣고 끓이기

끓인 당귀에 구기자 넣어 끓이기

건더기 걸러내기

당귀의 효능

당귀는 오래 묵은 것일수록 향도 짙고 약효도 좋다. 특히 부인병 치료
(월경 조절, 월경통)에 효과가 있으며, 성질이 따뜻해 몸이 찬 사람에
게 피를 만들어 주고 혈액 순환이 잘 되게 한다. 또 혈당 수치를 조절
해 주고 장의 기능을 촉진시켜 변비에 효과가 있으며, 몸이 허약한 것
을 도와 준다.

생당귀를 구입했을 경우

1. 깨끗이 씻어 그늘에 말린다.
2. 신문지에 싸서 공기가 잘 통하는 어두운 곳에 보관한다.
3. 당귀만으로 차를 끓이기도 하고, 구기자나 다른 약재를 함께 넣어
   끓여도 좋다.

쑥 차

재 료

쑥가루 1.5컵, 볶은 율무가루 3큰술,
볶은 콩가루 3큰술, 흑설탕 3큰술,
물 적당량

■ 만드는 법

01 쑥은 살살 흔들어 깨끗이 씻은 뒤 끓는 물에 소금을 넣고
살짝 데친다. 찬물에 헹군 뒤 물기를 꼭 짜서 말린다.

02 쑥이 잘 마르면 절구에 곱게 빻아 가루를 낸다.

03 곱게 빻은 쑥가루에 볶은 율무가루, 볶은 콩가루, 흑설탕을
분량대로 넣어 잘 섞는다.

04 잘 섞은 재료들을 찻잔에 2작은술 정도 넣고 끓는 물을 부
어 살짝 우려낸 뒤 마신다.

쑥차 재료 준비하기

곱게 빻아 쑥가루 내기

쑥가루에 각각의 재료 섞기

찻잔에 덜어 마시기

tip

쑥의 효능

추운 겨울을 나고 따뜻한 봄이 오면 떠오르는 것 중 하나가 쑥이다.
단백질, 무기질, 탄수화물 특히 비타민 A의 함량이 풍부한 식물로 참
쑥은 요리에 사용되고 약쑥은 한방 재료로 사용된다. 차로 마실 때에
는 꽃이 피기 전의 여린 잎을 말려 사용하면 쑥의 향을 듬뿍 느낄 수
있으며, 기혈을 바로잡고 몸을 덥혀 주는 작용을 하기 때문에 소음인
체질에 더욱 좋다.

쑥의 한방 작용

냄비에 약쑥을 한줌 넣고 푹 삶은 뒤 약간 식혀서 따끈한 정도의 쑥
삶은 물에 하루 20분 정도 손을 꾸준히 담그면 주부 습진에 효과가
있다.

Dessert
Dessert

온몸이 시원해지는
전통 음료

배숙 | 식혜 | 수정과 | 수박화채 | 유자화채
보리수단 | 원소병 | 미숫가루 | 포도냉차 | 제호탕

배 숙

재 료

배 1개, 생강 50g, 통후추 1큰술,
물 10컵, 흰설탕 1.5컵, 흑설탕 1작은술,
잣 약간

■ 만드는 법

01 배는 껍질을 벗기고 씨를 도려낸다. 길이로 도톰하게 자른
뒤 모양틀로 찍는다.

02 모양낸 배에 통후추를 끓일 때 빠지지 않도록 깊숙이 박은
뒤 색이 변하지 않게 설탕물에 담가 둔다.

03 생강은 껍질을 벗겨 얇게 저며 썬다. 냄비에 생강을 넣고 분
량의 물을 부어 끓기 시작하면 은근한 불로 줄여 향이 우러
나도록 30분 정도 끓인 뒤 면보를 깐 체에 거른다.

04 생강물에 흰설탕과 흑설탕을 분량대로 넣고 끓으면 모양낸
배를 넣는다. 배가 말갛게 될 때까지 약한 불에서 끓인다.

05 차갑게 식힌 뒤 그릇에 담고 잣을 3~4알 정도 띄워낸다.

배숙 재료 준비하기

모양낸 배 가운데 통후추 박기

저민 생강 끓이기

배가 말갛게 될 때까지 끓이기

tip

배숙의 효능

하얗고 탐스럽게 핀 배꽃에서 열매를 맺는 달고 시원한 배는 고기를
부드럽게 하는 연육 효소가 있어 육류 요리를 할 때 많이 사용한다.
배숙은 숙취 해소에도 효과가 있으며, 갈증이 날 때 후식으로 어른,
아이 모두 즐길 수 있는 훌륭한 전통 음료이다.

배의 한방 요법

감기가 길어져 기침과 가래가 오래갈 때 배의 속을 파내고 꿀 1수저
와 은행 2~3알, 호두 1알을 넣고 중탕을 하여 푹 쪄낸 뒤 즙을 내서
수시로 마시면 효과가 있다.

식 혜

재 료

엿기름 3컵, 물 15컵, 쌀 3컵, 설탕 1.5컵,
생강 1쪽, 대추채 약간

■ 만드는 법

01 엿기름가루는 찬물에 담가 두었다가 베보자기에 넣고 바락
바락 주물러 물을 우려낸다.

02 엿기름물을 충분히 우린 뒤 물을 가만히 두어 가라앉힌다.

03 생강은 껍질을 벗겨 편썰고 쌀은 씻어서 20분 동안 불렸다
가 찜통에 찐다.

04 가라앉혀 둔 엿기름물을 찌꺼기가 들어가지 않게 웃물만
찐밥에 붓고 섞는다. 섭씨 50~60도의 보온 상태에서 5~6
시간 정도 둔다(전기밥솥의 보온 기능을 이용하면 좋다).

05 밥알이 10개 정도 떠오르면 밥알은 체로 건져서 찬물에 헹
구어 차게 따로 보관해 둔다.

06 냄비에 국물만 붓고 설탕을 넣은 뒤 센 불에서 끓이다 생강
을 넣는다. 불을 줄여 거품을 걷어내고 10분 정도 더 끓인다.

07 따로 건져 두었던 밥알을 한 수저 정도 넣고 국물을 부은
뒤 대추채를 고명으로 띄워낸다.

식혜 재료 준비하기

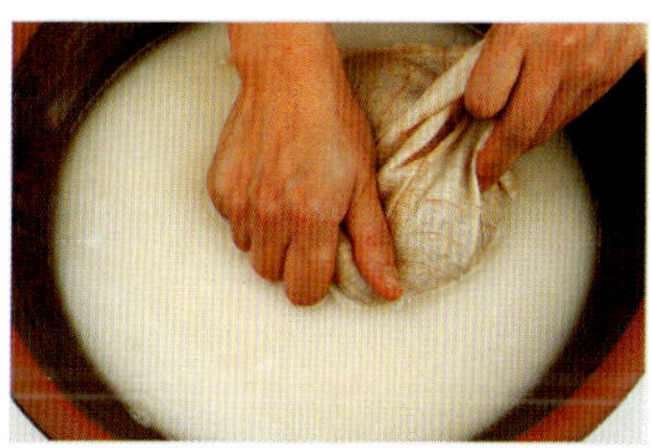
엿기름물 우려내기

쌀을 찜통에 쪄서 엿기름물과 섞기

따로 건져 둔 밥알과 식혜

tip

식혜, 엿기름

식혜는 엿기름의 당화 효소를 이용해서 만드는 전통 음료로, 밥을 따
로 쪄서 엿기름 우린 물을 넣어 삭혀 만든다(식혜는 밥알이 많아야지
단맛이 나고 색이 뽀얗다). 겨울에는 살짝 얼려서 시원하게 먹으면 별
미이다. 엿기름은 가을 보리가 제일 좋다. 보리싹을 내어 햇볕에 말려
가루로 만들어 쓴다(엿기름은 엿, 술, 고추장 등을 만들 때도 쓴다).

수정과

재료
곶감 5개, 생강 30g, 통계피 30g,
물 12컵, 황설탕 1/2컵, 흰설탕 1컵,
호두 10개, 잣 약간

■ 만드는 법

01 곶감은 젖은 면보로 겉을 깨끗이 닦은 뒤 꼭지를 떼내고 칼집을 넣어 넓게 편다.

02 넓게 편 곶감에 호두를 넣고 꾹 눌러가며 돌돌 말아 1cm 두께로 동그랗게 자른다.

03 생강은 손질하여 얇게 저며 썬다. 냄비에 저민 생강과 물 6컵을 넣고 끓기 시작하면 은근한 불로 줄여 30분 정도 끓인다.

04 통계피도 씻은 뒤 냄비에 물 6컵과 함께 넣고 끓기 시작하면 은근한 불로 줄여 향이 우러나도록 푹 끓인다.

05 끓인 생강물과 계피물을 면보를 깐 체에 거른다.

06 냄비에 체에 거른 생강물과 계피물을 붓고 분량의 설탕을 넣은 뒤 다시 한번 끓여 차게 식힌다.

07 그릇에 식힌 국물을 담고 준비한 곶감과 잣을 띄워낸다.

수정과 재료 준비하기

넓게 편 곶감에 호두 말기

계피물 우려내기

설탕을 넣어 단맛 조절하기

tip

수정과의 효능

옛날 호랑이도 울고 가게 한 곶감을 사용하여 만든 수정과는 명절에 식혜와 함께 상에 내놓는 특유한 향미를 지닌 우리의 대표적인 전통 음료이다. 수정과를 만들 때에는 꼭 생강과 통계피를 따로 끓여야 그 맛과 향이 더욱 살아난다. 명절날 과식으로 속이 더부룩할 때 시원한 수정과 한 사발 들이키면 속이 편안해진다.

수박화채

재 료

수박 1통, 배 1/2개, 물 1/2컵, 설탕 1/2
컵, 꿀 또는 설탕 적당량, 잣 약간

■ 만드는 법

01 수박의 꼭지 부분을 1/3 정도 톱니 모양으로 자른다.

02 일부는 속을 스쿠프로 동그랗게 파내고 나머지 속은 믹서기에 갈아 체에 밭쳐 즙을 낸다.

03 배는 껍질을 벗기고 1cm 두께로 편썬 뒤 모양틀로 찍는다.

04 설탕과 물을 1:1 비율로 해서 젓지 말고 그대로 끓여 시럽을 만든다.

05 수박즙과 시럽을 고루 섞고 모양낸 배와 동그랗게 파낸 수박을 섞는다.

06 속을 파낸 수박 그릇에 **05**를 담고 얼음을 띄운다. 기호에 따라 꿀이나 설탕으로 단맛을 조절한다.

수박화채 재료 준비하기

톱니 모양으로 자르기

수박 속을 스쿠프로 동그랗게 파내기

수박 그릇에 담기

tip

수박의 효능

수박화채는 수박 속을 떠내 설탕에 재었다가 설탕물을 부어 만든 화채이다. 수박은 여름철의 대표적인 과일로 '박속에 담은 물'이라는 의미로 약 94%가 물이며, 그 외에 당질이 4.7%, 비타민이 1.3% 들어 있다. 해열·해독 작용이 있으며 수박 속의 당분은 몸에 쉽게 흡수되므로 피로 회복에 좋다.

과일화채를 만들 때

제 과일을 갈아 즙을 내어 여기에 과일을 띄워야 맛이 좋다. 재료를 미리 차게 해서 사용하며, 얼음은 너무 일찍 넣으면 녹아서 화채 국물이 싱거워지므로 유의한다.

유자화채

재 료

유자 2개, 배 1개, 설탕 2큰술, 잣 약간

화채 국물 : 꿀 3큰술, 설탕 4큰술,
유자즙 약간, 물 6컵

■ 만드는 법

01 유자는 끓는 소금물에 담갔다가 바로 건져 소독하고 길이
   로 4등분한다.

02 4등분한 유자는 과육을 떼어내 씨를 빼낸 뒤 즙을 낸다.

03 껍질은 속껍질과 겉껍질로 분리하여 가늘게 채썬 뒤 각각
   설탕에 버무린다.

04 배는 곱게 채썰어 설탕물에 담가둔다.

05 물 6컵에 분량의 꿀, 설탕, 유자즙을 넣고 잘 섞어 화채 국물
   을 만든다.

06 그릇에 채썬 유자 껍질과 배를 보기 좋게 돌려 담는다. 화
   채 국물을 얌전히 부은 뒤 잣을 고명으로 올린다.

유자화채 재료 준비하기

유자 껍질 채썰기

배 채썰기

화채 국물 만들기

tip

유자화채의 효능

아름다운 모양과 달콤하고 향기로운 맛을 지닌 유자화채는 예로부터
궁중에서 즐겨 먹던 음료 중의 하나이다. 또 향이 좋은 유자 껍질을
망에 넣어 목욕물에 넣고 사용하면 향도 좋고 매끄러운 피부를 유지
하는 데 효과가 있다.

보리수단

재 료

보리쌀 3큰술, 녹두 녹말가루 4컵,
오미자물 5컵, 설탕 시럽 5큰술,
꿀 4큰술, 잣 약간

■ 만드는 법

01 보리쌀은 박박 문질러 3~4번 헹궈 씻어 놓는다.

02 냄비에 물을 붓고 보리가 통통해지도록 푹 삶아 찬물에 2~
3번 헹군 뒤 물기를 빼 놓는다.

03 삶은 보리쌀에 녹두 녹말가루를 입혀 끓는 물에 조금씩 넣
어 데친 뒤 찬물에 헹군다.

04 03 과정을 3~4번 정도 반복해 주면 보리 쌀알이 크고 투명
하게 된다.

05 하룻밤 담가 우려낸 오미자 국물(오미자 1/2컵 : 물 5컵)에
설낭 시럽과 꿀을 넣고 잘 섞어 시원하게 한다.

06 그릇에 시원해진 오미자 국물을 담고 익힌 보리 쌀알과 잣
을 띄워낸다.

보리수단 재료 준비하기

보리쌀 삶기

삶은 보리에 녹두 녹말가루 입혀 데치기

tip

보리의 효능

보리수단은 달콤 쌉싸름한 오미자물과 구수한 보리의 맛이 어우러진
우리의 전통 음료이다. 쌀에 비해 칼슘이나 철분이 다량 함유되어 있
는 보리는 콜레스테롤 수치를 낮추는 역할을 하고, 대장의 기능을 높
이며, 비타민B_1이 함유되어 있어 각기병에 효과가 있다.

시럽 만들기

냄비에 물과 설탕을 동량(1:1)으로 넣고 잘 섞은 뒤 약한 불에서 서
서히 설탕을 녹여 반 정도 줄 때까지 끓여 준다. 가열하는 동안에는
절대로 젓지 않도록 한다.

오미자물에 꿀과 시럽으로 단맛 조절하기

원소병

재 료 ----------------------------
찹쌀가루 2컵, 소금 1/2작은술, 녹말가루 1컵
화채 국물 : 물 5컵, 꿀 1컵
소 : 대추 5개, 유자 껍질 1/2개, 꿀 2큰술
반죽에 색들이기 : 치자물(치자 2개 : 물 1컵), 오미자물(오미자 1/2컵 : 물 1컵), 쑥가루 1큰술

■ 만드는 법

01 찹쌀가루는 체에 곱게 내려 4등분하여 놓는다.

02 1등분은 그대로 뜨거운 소금물에 익반죽하고, 나머지 3등분은 치자물, 오미자물, 쑥가루를 잘 비벼 섞은 뒤 똑같이 소금물에 익반죽하여 4가지 색의 반죽을 만든다.

03 물 1L에 분량의 꿀을 잘 섞어 화채 국물을 만든다.

04 대추는 씨를 발라낸 뒤 유자 껍질과 함께 곱게 다져 분량의 꿀을 섞어 소를 만든다.

05 반죽을 떼어내어 만들어 놓은 소를 넣고 지름 1.5cm 정도의 크기로 동글게 빚어 놓는다.

06 동글게 빚어 놓은 반죽에 녹말가루를 입혀 끓는 물에 넣고 삶아 떠오르면 건져 바로 찬물에 헹궈 놓는다.

07 그릇에 색색의 찹쌀떡을 넣고 화채 국물을 부은 뒤 잣을 띄워낸다.

원소병 재료 준비하기

4가지 색으로 반죽하기

대추, 유자 다지기

색색의 찹쌀떡에 소 넣기

tip

원소병이란?

원소병의 '원소'는 정월 보름날 밤이라는 뜻으로, 선조들이 설날에 해 먹는 절식 중의 하나이지만 여름철에도 시원하게 즐길 수 있는 음료이다. 바쁜 일상 생활에 간단해진 요즘의 식단에 한번쯤은 선조들의 지혜로움을 생각해 보며, 아이들과 함께 만들어 보는 것도 좋을 듯하다.

미숫가루

재 료

찹쌀 · 콩 · 현미 · 수수 각 100g씩,
흑설탕 적당량, 물 적당량

■ 만드는 법

01 찹쌀, 콩, 현미, 수수를 이물질이 없게 잘 씻은 뒤 체에 받쳐
물기를 빼 놓는다.

02 01을 각각 냄비에 타지 않게 볶는다.

03 볶은 재료를 각각 믹서에 갈아 가루로 만든다.

04 갈아 놓은 가루들을 같이 섞는다.

05 그릇에 가루와 설탕을 넣고 물을 조금씩 부어가며 뭉치지
않도록 섞어 준다. 시원하게 얼음을 띄워 마신다.

미숫가루 재료 준비하기

각각 냄비에 볶기

각각 볶아 놓은 찹쌀, 콩, 현미, 수수

볶은 재료를 갈아 가루로 만들기

tip

찹쌀, 콩, 현미, 수수의 효능

찹쌀 : 차진 기운이 많고 멥쌀보다 소화가 잘 된다. 한의학적으로 볼
때 성질이 따뜻하고 달다. 그래서 땀이 많이 나고 설사를 자주하거나
위장이 약한 사람에게 좋다.

콩 : 암과 성인병, 골다공증을 예방하며, 단백질 성분을 보충해 준다.

현미 : 벼의 겉껍질만 제거한 것으로 겨층과 배아가 남아 있어 우리
몸의 필수 성분을 보충해 준다.

수수 : 신석기 시대부터 아시아와 유럽 일대에서 재배되었고, 중국에
서는 고대로부터 중요한 작물로 취급되었다. 전분이 76%로 항암 효
과, 위장 보호 작용, 소화 촉진 작용, 해독 작용을 한다.

미숫가루란?

미숫가루는 곡물을 볶아 가루를 내어 물에 타서 마시는 전통적 음료
이다. 보리, 율무 등도 넣으면 좋다. 성인병을 예방하고 우리 몸에 부
족되기 쉬운 영양분을 보충해 주어 건강에 좋다.

포도냉차

재 료
포도 1송이(300g), 흑설탕 1/2컵,
물 2컵, 배 1/2개

■ 만드는 법

01 포도는 알알이 떼어 식초를 조금 넣은 식초물에 담갔다가 깨끗이 씻는다.

02 배는 껍질을 벗겨 강판에 갈아 포도와 물을 함께 냄비에 넣고 끓인다.

03 한 번 끓으면 체에 밭쳐 건더기를 걸러낸다.

04 건더기를 걸러낸 포도물을 다시 냄비에 붓고 흑설탕을 넣어 끓인다.

05 끓인 포도물을 병에 담아 냉장고에 넣어 차게 해서 마신다.

포도냉차 재료 준비하기

포도는 알알이 씻고 배는 갈아서 놓기

갈은 배, 포도, 물과 함께 끓이기

끓인 포도물에 흑설탕 넣기

tip

포도의 효능

포도는 여름철 더위를 잊게 하는 과일로, 유기산을 비롯해 해독 작용이 뛰어난 각종 영양소가 들어 있으며, 피로 회복과 혈액 순환에 효과적이다. 「동의보감」에 포도는 기를 돕고 의지를 키워 주어 두뇌 활동이 많은 수험생에게 좋다고 기록되어 있다. 차를 만들기 위한 포도로는 신선한 것도 좋지만, 약간의 흠집이 있거나 끝물 포도를 사용해도 괜찮다.

포도에 묻은 농약을 없애려면

포도에 묻어 있는 농약을 없애려면 식초를 조금 넣은 식초물에 담가 놓거나, 큰 볼에 소금을 풀고 씻어낸 다음 흐르는 물에 헹군다. 또한 포도송이를 나눠 씻는 것도 좋다.

제호탕

재 료

오매육 300g, 백단향 10g, 사인(축사) 10g, 초과 20g, 꿀 1.5kg, 물 적당량

■ 만드는 법

01 오매육, 백단향, 사인, 초과는 잡티를 제거하고 곱게 갈아 가루로 만든다.

02 01의 가루를 꿀과 함께 섞는다.

03 큰 냄비에 물을 1/3 정도 붓고 작은 냄비에 재료를 넣어 중 탕한다.

04 걸쭉하게 될 때까지 5~6시간 정도 끓인다.

05 병에 담아서 서늘한 곳에 보관해 둔다.

06 1~2스푼씩 떠서 시원한 물에 타서 마신다.

제호탕 재료 준비하기

준비한 재료 곱게 갈기

곱게 간 가루에 꿀 섞기

가루와 꿀을 섞어 중탕하기

tip

제호탕의 효능

제호탕은 땀을 많이 흘리는 여름철에 수분과 기를 보충해 준다. 「동의보감」에 더위를 풀어 주고 번갈(가슴이 답답하고 열이 나며 목이 마르는 증상)을 그치게 하는 효능이 있다고 기록되어 있다.
제호탕에 들어가는 오매육은 여물지 않은 매실을 따서 껍질을 벗겨 짚불 연기에 그을려서 말린 것이다. 식욕을 돋우며, 설사 · 기침 · 소갈에 효과가 있고, 살균 작용을 한다.

제호탕이란

제호탕은 한약재를 이용해 만드는 건강 음료로, 조선 시대 내의원에서 만들어 임금께 올리면 임금이 궁중에서 단옷날(음력 5월 5일) 여름을 잘 보내라고 중신들에게 부채와 함께 하사하는 풍습이 있었다고 한다.

Dessert
Dessert

부록

과일(fruit)이란?

과일은 사람들이 식용으로 하는 열매를 말하며 과실(果實)이라고도 부른다. 과육과 과즙이 풍부하고 단맛이 많으며 향기가 좋다.

몸에 좋은 과일은 꾸준히 먹어야 하며, 제철에 나는 과일을 고르는 것이 좋다.

과일의 색

- **붉은색 과일** : 인체의 심장, 소장, 혀 등과 연결되어 있는 기운이다. 병을 일으키는 유해산소를 없애고 항산화작용으로 암을 예방한다. 또 콜레스테롤의 산화를 막아 동맥경화와 심장병 등을 예방한다. 포도, 토마토, 딸기, 사과의 붉은색 껍질이 효과가 좋다.

- **녹색 과일** : 녹색은 간(肝), 담(膽), 근육에 연결된다. 대표적으로 키위를 들 수 있는데 한 개의 키위에는 비타민 C가 하루 권장량보다 많이 들어있다. 저항력과 면역력을 높여 스트레스를 이겨낼 수 있도록 하며 기미와 주근깨를 예방하는데 효과적이다.

- **노란색 과일** : 노란색은 비(脾), 위(胃), 입 등에 연결된다. 대표적으로 오렌지를 들 수 있는데 여기에 들어 있는 비타민 C는 감기를 예방하며 멜라닌의 생성을 억제하기 때문에 피부미용에 좋다. 또한 자몽은 비타민 C가 풍부하고 열량은 낮으므로 비만이나 당뇨병에 좋다. 파인애플, 망고, 감 등이 있다.

- **흰색 과일** : 흰색은 폐, 대장, 코에 연결되어 있는 기운이다. 폐나 기관지가 약한 사람에게 효과적이며, 배가 대표적이다.

- **검은색 과일** : 검은색은 신장, 귀, 뼈 등과 연결된다. 신장기능을 강화하고 노화를 예방한다. 블루베리가 대표적이다.

과일 깨끗하게 씻기

과일은 5분 정도 물에 담갔다가 흐르는 물에 여러 번 문질러 씻는 것이 좋다. 이렇게 하면 잔류 농약이 약 40% 정도 제거된다. 식초나 소금을 물에 넣어 씻기도 한다.

- **오렌지, 귤** : 신선도를 유지하기 위해 식용왁스로 코팅을 하는데 우리 몸에는 무해하다. 껍질을 벗겨 먹는 것이므로 씻지 않아도 된다.

- **포도** : 송이째 물이나 식초를 탄 물에 담갔다가 흐르는 물에 여러 번 헹구어 씻는다. 알알이 떼어내어 씻지 않아도 괜찮다.

- **사과** : 껍질째 먹을 때는 수돗물에 5분 정도 담가 놓았다가 여러 번 문질러 씻는다. 꼭지 근처에는 많은 농약이 묻어 있으므로 이 부분은 먹지 않는다.

- **딸기** : 손으로 문질러 씻기 힘든 과일이다. 흐르는 물이나 식초를 탄 물에 씻고 흐르는 물에 여러 번 헹군다. 특히 꼭지 부분은 농약이 묻어 있기 쉬우므로 먹지 않는 것이 좋다.

01 과일 전용 칼 : 칼의 단면이 주방용 칼보다 매끄러우므로 부피가 큰 수박과 같은 과일을 조각낼 때 사용하면 좋다.

02 과일 전용 칼(소) : 손에 잘 잡히고 사용하기에 부담이 없어 모든 과일의 껍질을 벗겨낼 때 사용한다.

03 세공용 칼 : 좀 더 세밀하게 모양을 살릴 때 사용하면 좋다.

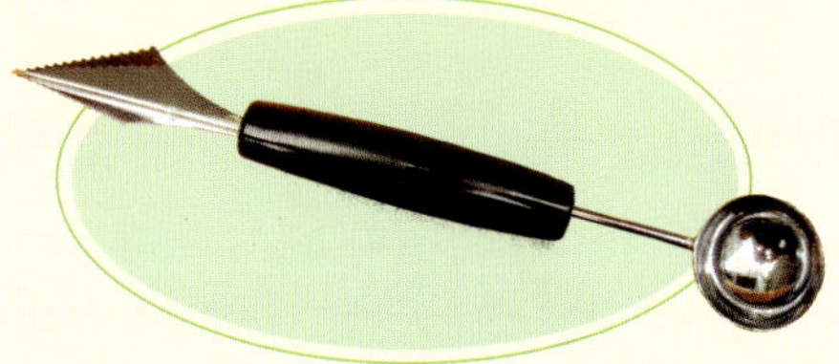

04 모양내기 칼 : 과일의 모양을 동그랗게 하거나 바구니 모양을 만들 때 사용한다.

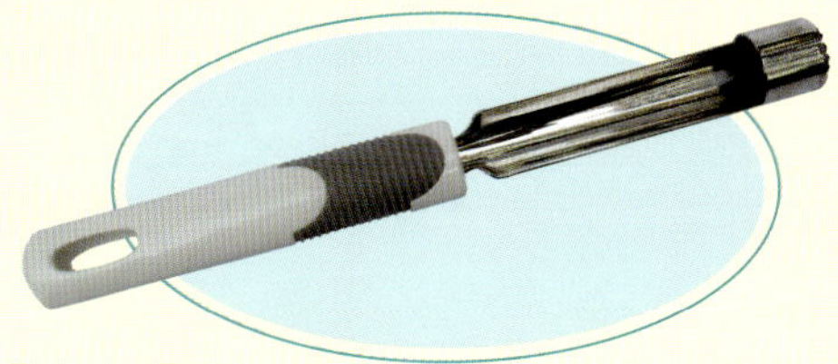

05 과일 심 빼기 : 사과와 같은 과일의 경우 원형의 모양을 살려서 썰 때 사용한다.

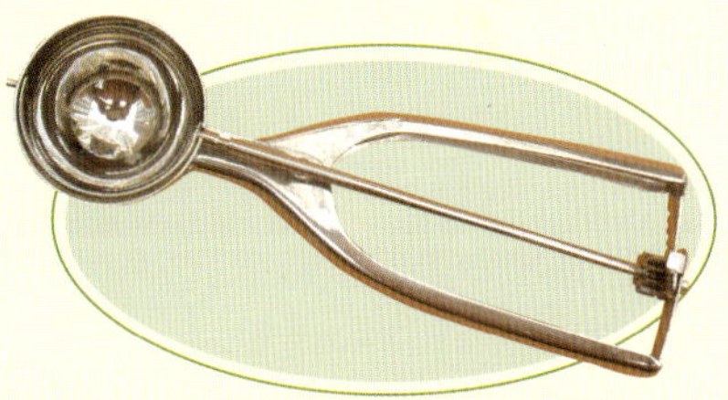

06 아이스크림 전용 스푼 : 셔벗이나 아이스크림의 모양을 살릴 때 사용한다.

07 여러 가지 모양 틀 : 수박이나 멜론 같은 과일을 다양하게 모양내기에 편리하다.

08 즙내기 : 과일주스에 들어가는 생즙을 낼 때 사용하면 좋다.

01 사과 (Apple)

'아침에 사과 하나를 먹으면 의사가 필요 없다'란 말이 있을 정도로 각종 영양분이 풍부한 사과는 장미과에 속하는 강장 식품으로, 원산지는 코카서스 지방으로부터 서아시아에 걸친 냉한 지역이다. 사과에 함유된 펙틴 성분은 고혈압, 동맥경화, 비만 치료에 도움이 되고, 장을 튼튼하게 하여 변비 예방에도 좋다. 사과의 비타민 C 대부분은 껍질과 껍질 바로 밑의 과육 부분에 있기 때문에 껍질째 먹는 것이 가장 좋다.

사과를 고를 때에는 색깔이 밝고 진하며, 껍질이 얇고 꼭지가 붙어 있는 것이 좋다. 가볍게 두드렸을 때 탱탱한 소리가 나는 것이 수분이 많은 사과이다. 너무 큰 것보다는 중간 크기의 것이 맛도 좋고 저장성도 길며, 육질도 단단하여 먹을 때 느낌이 좋다.

02 배 (Pear)

시원하고 단맛이 좋아 디저트용으로 안성맞춤인 배의 원산지는 중국 남서부의 산지로 알려져 있다. 간장 활동을 촉진시켜 체내의 알코올 성분을 쉽게 해독시키므로 숙취 해소에 도움을 주고 갈증을 없애 주며, 이뇨 작용과 기관지 염증에도 효과가 있어 가래가 나오는 기침에 좋다.

배를 고를 때에는 약간 엷은 붉은기가 돌며 푸른기가 없는 맑고 선명한 색이 좋으며, 껍질이 너무 두껍지 않고 크기가 클수록 맛이 좋다. 배는 사과와 함께 보관을 하면 쉽게 상하므로 따로 보관하는 것이 좋다.

03 멜론 (Melon)

참외과에 포함되는 서양 과일로, 비타민 C와 칼륨이 풍부하고 단맛이 강하다.

멜론은 과실의 외관에 따라 분류하면 그물무늬가 있는 넷트멜론과 그물무늬가 없는 무넷트멜론으로 나뉘고, 재배 방식에 따라 분류하면 온실멜론, 하우스멜론, 노지멜론으로 나뉜다. 과육 색깔도 녹색, 백색, 적색 등으로 다양하다. 일반적으로 넷트멜론(머스크 멜론)을 많이 먹는다.

멜론을 고를 때에는 모양이 둥글고 겉표면이 일정하게 줄이 그어진 것이 좋다. 꼭지의 반대 부분을 눌러서 부드러운 것이 좋고, 향이 진할수록 잘 익은 것이다. 너무 차게 보관하면 단맛이 떨어지므로 주의한다.

04 수박 (Water Melon)

과일 중 저칼로리 식품으로 수분 함유량이 높고 비타민 A, C를 비롯하여 미네랄이 풍부하다. 또 단백질이 요소로 변하고 수분이 몸 밖으로 배출되는 과정을 돕기 때문에 신장병에도 효과가 있다.

수박과 토마토의 붉은색은 리코펜이란 성분으로 강력한 항암 효과가 있음이 밝혀져 점점 수박에 대한 관심도가 높아지고 있다.

수박을 고를 때에는 꼭지 부분이 약간 들어가고 줄무늬가 선명하며, 색깔이 진하고 두드려 보아 맑은 소리가 나는 것이 잘 익은 것이다.

05 딸기 (Strawberry)

비타민 C가 풍부한 딸기는 3~4개 정도면 1일 비타민 섭취량으로 충분하다. 감기 예방에 효과가 있고, 여러 가지 호르몬을 조절하는 부신피질의 기능을 활발하게 하여 체력 증진에 도움을 준다. 딸기의 새콤달콤함은 딸기에 함유된 여러 가지 당성분과 말산, 구연산, 타르타르산의 작용에 의한 것이다.

딸기를 고를 때에는 잎이 파릇파릇하여 초록을 띠고, 붉은기가 꼭지 부분까지 퍼져 있으며 모양은 원추형으로 윤기가 있는 것이 좋다. 과육이 연해 상하기 쉬우므로 구입 후 바로 먹는 것이 좋다. 30초 이상 물에 담그면 비타민 C가 빠져 나오므로 재빨리 씻어야 한다.

06 참외 (Melon)

여름철에 많이 볼 수 있는 과일로, 비타민 A, B_1, B_2, 칼륨 등이 함유되어 있는 알칼리성 식품이다. 더운 여름철 땀을 많이 흘리고 체질이 산성으로 변하기 쉬울 때 섭취하면 갈증 해소와 피로 회복에 좋다. 참외의 '외'는 오이를 가리키고, '참'은 순수한 우리말로 사전에 의하면 '허름하지 않고 썩 좋은 뜻을 나타내는 말'이라 하여 오이보다 맛과 향기가 좋다는 뜻이다.

참외를 고를 때에는 모양이 균일하고 매끄러우며, 꼭지가 싱싱하고 두드려 보았을 때 맑은 소리가 나야 한다. 달콤한 향이 나면 맛있는 참외이고, 향이 너무 진한 것은 철이 지난 뒤 수확한 것일 수도 있으니 주의해야 한다.

07 오렌지 (Orange)

지구촌 사람들이 가장 많이 먹는 과일 중 하나이며, 무기질이 많이 함유되어 있는 알칼리성 식품이다. 또한 비타민 C의 함유량도 풍부해서 피부 미용에 좋으며, 피로 회복과 소화 촉진을 돕는다.

수분이 많아 주스로도 많이 이용되고 있다. 서양에서는 결혼식에 오렌지꽃을 사용하는데 꽃은 순결을 상징하고, 열매의 다산성과 나무의 상록성으로 자녀에게 은총이 있고 번영하도록 기원하는 관습 때문이다.

오렌지를 고를 때에는 겉표면이 우툴두툴 할수록 좋으며, 너무 매끈한 것은 오래된 것이므로 피한다. 또 껍질에 윤기가 돌며 들어보아 묵직한 것이 과즙이 많다.

08 바나나 (Banana)

열대 아시아가 원산지인 바나나는 과일 중 칼로리가 가장 높은데 바나나 1개(100g)에는 87cal 정도가 들어 있다. 또 탄수화물, 비타민 B₁, B₂, C 외에 카로틴과 철, 칼슘 등의 무기질도 들어 있다. 소화가 잘 되어 성장기 어린이 간식에 많이 이용된다.

바나나를 고를 때에는 약간 덜익은 상태에서 구입하여 상온에 두면 적당히 익는다. 껍질이 약간 거뭇거뭇해지려 할 때가 가장 맛이 좋다.

09 키위 (Kiwi)

키위의 원 명칭은 '중국 다래'로 중국이 원산지이다. 열매 모양이 뉴질랜드에 서식하는 키위새처럼 생겼다고 하여 영어 이름이 키위(kiwi)이다. 키위는 뉴질랜드에서 많이 생산되며, 우리나라에서는 1977년 뉴질랜드에서 묘목을 도입하여 제주도, 전라남도, 경상남도에서 주로 재배되고 있다.

비타민 C가 풍부하여 열매 1개에 성인 1명이 하루에 필요로 하는 양이 들어 있다. 단백질 분해 효소가 들어 있어 고기를 먹은 후 디저트로 먹으면 좋다. 그래서 고기 요리를 연하게 하는 데도 쓰인다. 키위를 고를 때에는 모양이 타원형으로 고르게 생긴 것, 전체적으로 약간 무른 것이 맛이 있다.

10 파인애플(Pineapple)

중앙아메리카와 남아메리카 북부가 원산지로, 연평균 기온이 20도 이상인 열대의 평지로부터 해발 고도 800 m까지에서 재배된다.

파인애플은 즙이 많고 수크로오스 10 %, 시트르산 1 % 가량이 들어 있다. 또 비타민 C가 과실 중 가장 많으며, 브로멜린이라고 하는 분해 효소가 들어 있어 육류의 소화를 돕는다. 그러나 덜 익은 열매에는 많은 산과 수산석회 등이 들어 있어서, 먹으면 구강을 상하게 한다.

하와이, 서인도 제도, 말레이 반도, 플로리다 주 등지에 분포하고 있다.

파인애플을 고를 때에는 밑부분에서부터 1/3 정도가 누렇게 된 것이 가장 적당히 익은 것으로 맛이 좋다. 썰어서 파는 경우엔 과육이 짙은 황색을 띠는 것으로 고른다.

11 감(Persimmon)

감은 동아시아 특유의 과수로서 한국, 중국, 일본이 원산지이다. 내한성이 약한 온대 과수로서 한국의 중부 이북 지방에서는 재배가 곤란하다. 주성분은 당질로서 비타민 A, B, C가 풍부해 감기 예방에 좋다. 카로틴이 많이 들어 있어 병에 대한 저항성을 길러 주며, 피부를 탄력있게 만들어 준다. 감을 많이 먹으면 변비가 생기는데 이는 타닌 성분 때문이며, 타닌은 설사를 멎게 하고 배탈 치료에도 효과적이다.

감을 고를 때에는 껍질이 매끄럽고 선홍색을 띠는 것, 검은 반점이 없는 것이 좋다.

12 레몬(Lemon)

레몬은 인도가 원산지로, 비교적 시원하고 기후의 변화가 없는 곳에서 잘 자란다. 열매는 타원형이고 겉껍질이 녹색이지만, 익으면 노란색으로 변하며 향기가 강하다. 껍질이 녹색일 때 수확하여 익힌다.

비타민 C와 구연산이 많이 들어 있기 때문에 신맛이 강하며, 감기에 효과가 있다. 지방, 칼슘, 비타민 C, 섬유질이 귤보다 2~3배 정도 많이 들어 있다. 신맛 때문에 그냥 생으로 먹기보다는 음료, 향수, 요리, 과자 등을 만들 때의 향료나 화장품의 원료로 쓰인다.

레몬을 고를 때에는 꼭지가 초록색이고 껍질에 상처가 없는 것, 눌러 보았을 때 적당히 단단한 것이 좋다.

13 아보카도 (Avocado)

아보카도는 멕시코와 남아메리카가 원산지로, 악어의 등처럼 울퉁불퉁한 껍질 때문에 악어배라고도 한다.

과육은 버터같이 부드럽고 노란색을 띠며 독특한 향기가 난다. 가장 영양가 높은 과일로 지방이 30 % 정도, 탄수화물과 단백질, 비타민이 많이 들어 있다. 특히 비타민 E가 많아 혈관의 노화를 막고, 암을 예방하고, 세포를 젊게 유지시켜 준다.

아보카도를 고를 때에는 밑부분을 눌러보아 약간 탄력이 있는 것이 맛이 좋다. 잘 익은 것은 껍질이 흑갈색을 띠며, 녹색을 띠는 것은 덜 익은 것이다.

14 망고 (Mango)

망고는 세계에서 가장 많이 재배되고 있는 열대 과수로, 원산지는 말레이 반도, 미얀마, 인도 북부이다.

망고라는 이름은 타밀어인 만카이(man-kay) 또는 만가이(man-gay)에서 나온 말로 포르투갈인들이 인도에 정착하면서 만가(manga)라 불렀다. 그것을 영어권과 스페인어권 나라에서는 망고라 부르게 되었다.

옻나무과의 식물로 열매는 익으면 노란빛을 띤 녹색이거나 노란색 또는 붉은빛을 띠며, 과육은 노란빛이고 즙이 많다. 비타민 A, C, D가 많이 들어 있다.

망고를 고를 때에는 껍질이 매끄럽고 푸른색과 노란색의 중간 정도로 흠집이 없는 것이 좋다. 노란색은 잘 익은 것이다.

15 포도 (Grape)

포도는 과일 중 대표적인 알칼리성 식품으로 주성분은 당질이다. 유기산을 비롯해 해독 작용이 뛰어난 영양소가 많이 들어 있으며, 피로 회복과 혈액 순환에 좋다. 포도 껍질에는 항암 효과가 뛰어난 레스베리트롤이 들어 있고, 포도 씨에는 카테킨이 들어 있다.

우리나라에서 본격적으로 재배되기 시작한 것은 1906년 원예모범장이 설립되어 외국산 품종들이 시험 재배되면서부터이다.

포도를 고를 때에는 줄기가 싱싱하고 알맹이가 빈틈없이 붙어 있는 것, 가장 아래쪽 포도송이의 맛이 단 것, 껍질에 하얀 가루가 많이 묻어 있는 것이 좋다.

16 파파야(Papaya)

파파야의 원산지는 열대 아메리카이다. 열매는 공 모양, 달걀을 거꾸로 세워 놓은 모양, 긴 달걀 모양 등으로 생겼으며 무게는 0.2~3 kg이다. 열매는 날로 먹거나 잼, 설탕에 절인 과자 등을 만드는데 쓰이고, 씨는 향기가 좋아 향신료로 쓰인다. 비타민 C가 많이 함유되어 있으며 폐암의 위험을 줄여 주고, 수유기 젖분비를 촉진시키며 춘곤증에도 좋다. 전세계 열대 지방에 분포되어 있으며, 우리나라는 비닐하우스에서 재배되고 있다.

파파야를 고를 때에는 통통하고 상처 없이 깨끗한 것이 좋으며, 겉이 끈적끈적한 것은 단 것이므로 괜찮다. 영양이 많은 것은 좀 덜 익은 상태인 딱딱하고 초록색일 때이다.

17 복숭아 (Peach)

중국이 원산지로 실크로드를 통하여 서양으로 전해졌으며, 17세기에는 아메리카 대륙까지 퍼져 나갔다.

복숭아는 알칼리성 식품으로, 면역력을 키워 주고 식욕을 돋우며 성질은 따뜻하다. 주성분은 수분과 당분으로, 비타민 A, 에스테르와 알코올류, 펙틴 등도 풍부하다. 「동의보감」에 의하면 복숭아에는 약간의 독이 있으며, 알레르기가 있는 사람은 주의해야 한다.

복숭아를 고를 때에는 모양이 둥글고 잔털이 고루 있으며 수분이 많아 탄력이 있는 것, 흠집이 없고 무른 곳이 없는 것이 좋다.

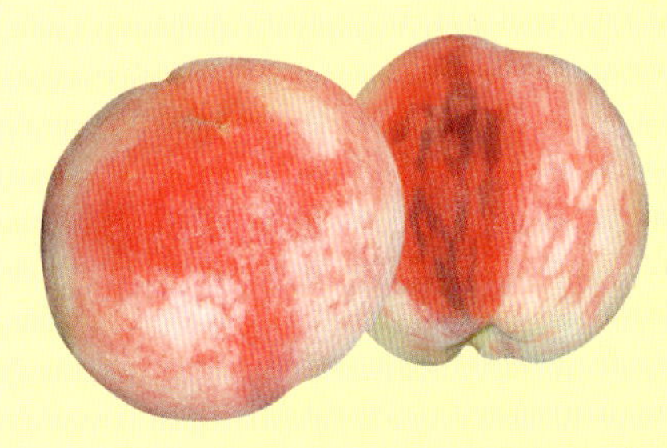

18 귤 (Orange)

감귤류 중 하나로 우리나라의 제주도에서 많이 재배된다. 알칼리성 식품 중의 하나이며, 신진대사를 순조롭게 하고 피부와 점막을 튼튼히 하여 감기 예방에 효과가 있다.

또한 암을 예방하고 면역력을 향상시키는 카로티노이드, 리모노이드, 항균 작용을 하는 구마린 등의 성분이 함유되어 있다.

귤을 고를 때에는 너무 크지 않고 윤기와 탄력이 있는 것이 좋으며, 약한 소금물에 헹군 뒤 자연 상태에서 말려 보관하면 오래도록 신선하게 먹을 수 있다.

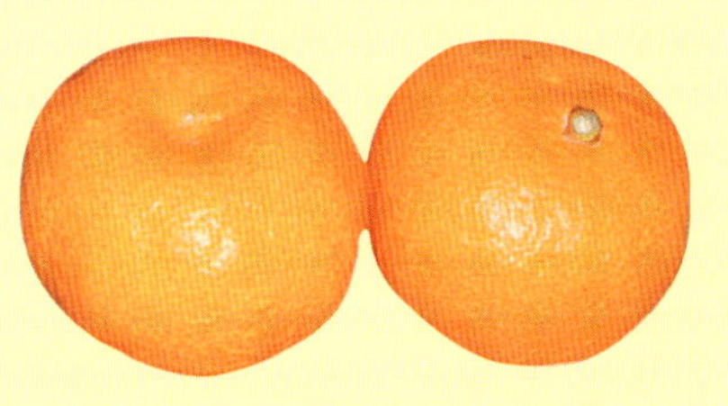

옛 우리 선조들은 전통 차와 전통 음료를 마시며 풍류를 즐겼다. 만물이 소생하는 봄에는 진달래화채를 먹으며 봄이 왔음을 느끼고 무더운 여름에는 시원한 계곡에서 수박화채를 먹으며 더위를 달랬다.

또한 들판의 곡식이 무르익어가는 가을에는 유자화채를 먹으며 잘 여문 곡식들을 보고 뿌듯해 했으며 추운 겨울에는 식혜나 수정과와 같은 음료를 즐기며 한겨울 추위를 현명하게 보냈다.
이렇듯 우리의 역사와 함께 지내 온 전통 차와 음료는 요즘에도 우리의 식탁에 오르고는 있지만 그 맛과 의미가 조금은 퇴색되어 가고 있다.

전통 차와 전통 음료는 만드는 방법과 재료의 쓰임새가 다양하다.
우선 전통차로 가장 많이 마시는 녹차는 차나무의 어린잎을 가공하여 만든 것으로 가공 방법에 따라 홍차, 우롱차, 엽차 등으로 다양하게 나뉜다. 여러 가지 향약을 은근히 달여 마시는 차로는 구기자차, 두충차, 칡차, 당귀차 등이 있다.

전통 음료로는 여러 가지 과일을 얇게 썰거나 꿀에 재워 만드는 수박화채, 유자화채가 있고 햇보리나 흰떡을 사용하여 다섯 가지 맛을 내는 오미자 물에 띄워 먹는 보리수단과 찹쌀, 멥쌀, 보리와 같은 곡류를 잘 말려 볶은 뒤 고운 가루를 내어 꿀물 등에 타서 마시는 미숫가루와 잘 여문 엿기름을 삭혀서 만든 식혜 등 그 종류가 200여종에 이를 만큼 많다.

■ 구입할 수 있는 인터넷 사이트

01 경동시장

[www.kyungdongmart.com]

서울시 동대문구 제기동, 용두동 일대에 자리한 전통 약령시장으로 국내 최대 한의약 종합단지이다. 국내 한약의 약 70%가 서울 경동시장에서 유통되고 있다.
지하철로는 1호선 제기역에서 내리면 되고 그밖에 버스편이 있다.

＊ 혜민서 약초 02-965-5804
＊ 신성 농산 02-964-5804

02 사이버 경동시장

[www.e-kdm.com]

경동시장의 상인 일부가 만든 쇼핑몰로 직접 시장을 방문하지 않고 인터넷 상에서 보다 저렴하게 믿을 수 있는 제품을 구입할 수 있다.
품목별로 나뉘어 있어 원하는 제품을 찾기 쉽고 건강과 음식에 대한 기본 상식도 볼 수 있다.

＊ 문의전화 02-968-7602

03 한약재 시장

[www.hanyakjae.net]

국산, 중국산 기타 수입 한약재를 판매한다. 국내 최초 300g 단위로 판매하는 업체이다. 개별 포장해서 판매하며 한방 상식에 대해서도 살펴볼 수 있다.

＊ 문의전화 080-702-0808, 02-928-3545

04 대형 할인마트

＊ 농협 하나로클럽
　홈페이지 www.hanaro-club.co.kr
　문의전화 02-3498-1000

＊ 롯데마트
　홈페이지 www.lottemart.com
　문의전화 02-411-8000

＊ E-마트
　홈페이지 emart.shinsegae.com
　문의전화 02-380-1234

허브차는 향과 색을 즐기는 차(茶)로 누구나 간단하게 이용할 수 있다. 비타민과 미네랄이 풍부하여 각종 약리 성분이 함유되어 있는데, 차에 나는 향과 작용하여 약리 효과를 즐길 수 있는 것이다.
허브는 혈액 순환이 잘 되어 몸이 따뜻해지고 위가 상쾌해지며, 기분이 느긋해지는 등의 몸에 변화가 생긴다. 그렇지만 개인차가 있어 허브차를 처음 마실 때에는 섞어 마시지 말고 한 종류씩 마셔 보아 자기 몸에 맞는 차를 찾는다. 그런 다음 한 종류의 허브차 마시기에 익숙해지면 여러 종류의 허브를 혼합하여 마시면 다양한 향의 맛을 즐길 수 있다.

● **허브차 끓이는 법** : 허브차는 생잎 허브와 말린 허브 어느 쪽을 사용해도 좋은데, 생잎은 잎 자체로도 좋으나 가볍게 비비면 향이 더욱 좋다. 끓는 물 1컵에 생잎의 경우에는 가늘게 썰어 3작은술, 말린 허브는 1작은술 정도가 알맞다. 티포트에 넣어서 3~5분 정도 지난 뒤 마시도록 하는데, 그 이상 두면 쓴맛이 난다. 만약 진한 맛을 원한다면 허브의 양을 늘린다.
취향에 따라 허브차에 설탕, 레몬, 꿀, 오렌지 등을 첨가해서 단맛을 내게 할 수도 있는데 우유 같은 것은 첨가하지 않는다.

● **대표적인 허브차의 효능**

- 캐모마일 : 사과향이 나며 초기 감기에 효과가 있고, 소화를 도우며 불면증에 효과가 있다.
- 민트 : 청량감이 있으며 피로회복에 효과가 있다.
- 레몬밤 : 신맛이 없는 레몬 향으로 기억력 증진 및 피로 예방에 좋다.
- 타임 : 레몬타임이 맛있고 술 마신 뒤 숙취에 효과가 있으며 피로회복에 좋다.
- 로즈마리 : 기억력 증진시키고 신진대사를 촉진하며 혈액순환을 좋게 한다.

■ **구입할 수 있는 인터넷 사이트**

01 원당 허브랜드

[www.wondangherbland.co.kr]

경기도 고양시 원당동에 있는 허브랜드는 고양시 뿐만 아니라 경기도 내에서도 최대 규모를 자랑하고 있다. 허브의 정취를 느낄 수 있으며 허브 모종, 허브 씨앗과 오일, 허브와 관련된 허브 차, 허브 미용제 등을 판매하고 있다.
허브차를 무료로 마실 수 있고 허브 식당에서 허브로 만든 음식을 맛볼 수 있다.

＊ 문의전화 031-966-1340

02 봉평 허브나라농원

[www.herbnara.com]

강원도 봉평의 흥정계곡에 있는 허브나라 농원은 1995년에 열었고, 우리나라 최초의 허브를 테마로 하는 관광농원이다.

100여종 이상의 허브가 있고 허브차를 즐길 수 있는 시설이 있으며 각종 허브 관련 상품을 구입할 수 있다.

＊ 문의전화 033-335-2902

03 포천 허브아일랜드

[www.herbisland.co.kr]

경기도 포천에 위치한 허브아일랜드는 향을 맡는 곳과 향을 먹는 곳, 향을 마시는 곳 그리고 향을 사는 곳으로 나뉘어져 있으며, 허브로 만들어진 다양한 물선늘을 구입할 수 있다. 이곳을 방문하게 되면 향긋한 '페퍼민트차'를 무료로 한 잔 마실 수 있다.

＊ 문의전화 031-535-6494

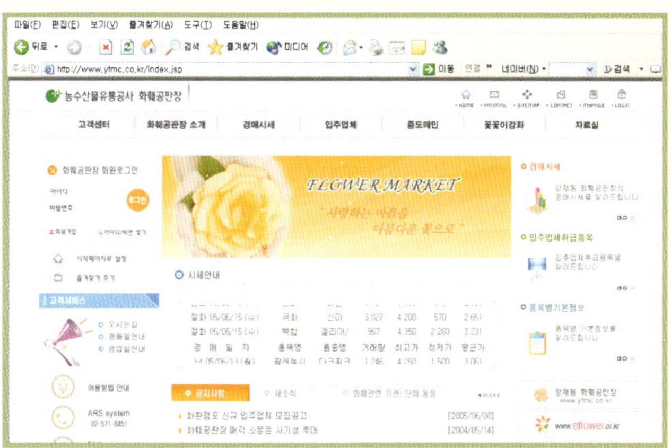

04 양재동 꽃시장

[www.yfmc.co.kr]

양재동 꽃시장은 허브를 많이 판매하는 곳으로 허브 모종, 허브차 등을 구입할 수 있다. 지하철 3호선 양재역에서 성남방면으로 1km 정도 가면 오른쪽에 위치하고 있다.

＊ 문의전화 02-579-8100~9

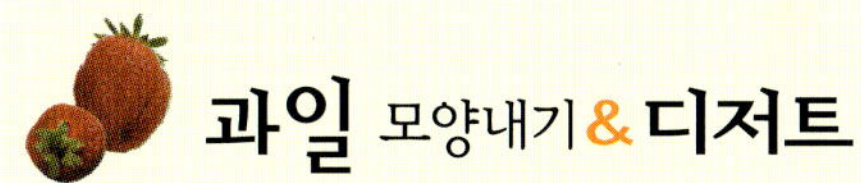

과일 모양내기 **& 디저트**

2004년 8월 15일 1판 1쇄
2005년 6월 30일 2판 1쇄
2011년 1월 30일 2판 3쇄

저자 : 유지선 · 이민정
펴낸이 : 남상호

펴낸곳 : 도서출판 **예신**
www.yesin.co.kr

140-896 서울시 용산구 효창동 5-104
대표전화 : 704-4233, 팩스 : 715-3536
등록번호 : 제03-01365호(2002. 4. 18)

값 12,000원

ISBN : 978-89-5649-032-8

과일 모양내기 & 디저트